Einfluss einer Kalkung auf EUF extrahierbares und pflanzenverfügbares Phosphat sowie Phosphatfraktionen im Boden

Einfluss einer Kalkung auf EUF extrahierbares und pflanzenverfügbares Phosphat sowie Phosphatfraktionen im Boden

Dissertation
zur Erlangung des Doktorgrades
der Fakultät für Agrarwissenschaften
der Georg-August-Universität Göttingen

vorgelegt von
Holger Lemme
geboren in Osterburg

Göttingen, Februar 2014

Bibliografische Information der Deutschen Nationalbibliothek
Die Deutsche Nationalbibliothek verzeichnet diese Publikation in der Deutschen Nationalbibliografie; detaillierte bibliografische Daten sind im Internet über http://dnb.d-nb.de abrufbar.
1. Aufl. - Göttingen : Cuvillier, 2014
Zugl.: Göttingen, Univ., Diss., 2014

D 7

1. Referent: Prof. Dr. Bernward Märländer

2. Korreferent: Prof. Dr. Klaus Dittert

Tag der mündlichen Prüfung: 13. Februar 2014

Nonnenstieg 8, 37075 Göttingen
Telefon: 0551-54724-0
Telefax: 0551-54724-21
www.cuvillier.de

1. Auflage, 2014
Gedruckt auf umweltfreundlichem, säurefreiem Papier aus nachhaltiger Forstwirtschaft.

ISBN 978-3-95404-721-5
eISBN 978-3-7369-4721-4

Inhaltsverzeichnis

Artikelverzeichnis

Nachfolgend sind die bereits publizierten bzw. die zur Veröffentlichung vorgesehenen Artikel der vorliegenden Dissertation aufgelistet.

LEMME, H.; KOCH, H.-J.; HORN, D.; MÄRLÄNDER, B. (2013): Einfluss einer Kalkung auf EUF-extrahierbares Phosphor, Kalium und Bor und deren Pflanzenverfügbarkeit in Gefäßversuchen mit Zuckerrüben. Sugar Industry / Zuckerindustrie 138, Sonderheft 11. Göttinger Zuckerrübentagung, 39–48.

LEMME, H.; KOCH, H.-J.; HORN, D.; MÄRLÄNDER, B. (eingereicht): Effect of calcium addition and pH increase on electro-ultrafiltration (EUF) extractable and sugar beet plant available phosphate on loessial soils. Journal of Plant Nutrition and Soil Science.

LEMME, H.; DITTERT, K.; KOCH, H.-J.; MÄRLÄNDER, B. (eingereicht): Liming of loess soils increases EUF extractable and labile P. Journal of Plant Nutrition and Soil Science.

Tabellenverzeichnis

Tabellen in Kapitel II (*Artikel 1*)

Tabellen in Kapitel III (*Artikel 2*)

Tabellen in Kapitel IV (*Artikel* 3)

Abbildungsverzeichnis

Abbildungen in Kapitel I (*Einleitung*)

Abbildungen in Kapitel II (*Artikel 1*)

Abbildungen in Kapitel III (*Artikel 2*)

Abbildungen in Kapitel IV (*Artikel 3*)

Abbildungen in Kapitel V (*Ausblick*)

I Einleitung

---

1 Aktuelle Herausforderungen für die Landwirtschaft

Derzeit leben über 7,16 Milliarden Menschen auf unserem Planeten, jährlich werden es über 82 Millionen mehr (*Stiftung Weltbevölkerung*, 2013). Ziel der Landwirtschaft muss es sein, ausreichend Nahrungsmittel für die gesamte Weltbevölkerung zur Verfügung stellen zu können, einerseits um den Hunger in Entwicklungsländern weiter zu verringern, andererseits um die Preise für Agrarprodukte auf dem Weltmarkt stabil zu halten. Dabei ist jedoch die weltweit zur Verfügung stehende landwirtschaftliche Nutzfläche auch durch die Inkulturnahme neuer Flächen nicht unbegrenzt steigerbar, ungeachtet der mit dem Flächennutzungswandel einhergehenden negativen ökologischen Folgen (*Foley* et al., 2011).

Neben dem Bevölkerungswachstum führt zunehmender Wohlstand in weiten Teilen der Bevölkerung in Entwicklungs- bzw. Schwellenländern zu einem starken Anstieg der Nachfrage nach Veredlungsprodukten, z. B. Fleisch, in dessen Folge die Nachfrage nach pflanzlichen Rohstoffen wiederum weiter ansteigt. *Bauhus* et al. (2012) beziffern den Anstieg der globalen Nachfrage nach pflanzlichen Nahrungs- und Futtermitteln um etwa 70 – 100% bereits bis zum Jahr 2050.

Neben der steigenden Nachfrage nach Agrarprodukten, wird der weltweit steigende Energiebedarf (bis 2035 um 30%; *CRP*, 2013) mit entsprechend steigenden Preisen, zu einer wesentlichen Verteuerung der Agrarprodukte beitragen. Um unabhängiger vom globalen Energiemarkt zu werden, die Treibhausgasemissionen zu senken und die Energieeffizienz zu erhöhen, hat die Europäische Union (EU) im Jahr 2009 die Richtlinie 2009/28/EG zur Förderung der Nutzung von Energie aus erneuerbaren Quellen erlassen. In Deutschland führte unter anderem das Erneuerbare-Energien-Gesetz (EEG) seit Einführung im Jahr 2000 durch eine lukrative Einspeisevergütung von Strom aus Biomasse (EEG 2012 § 27) zu einem starken Anstieg der zur Produktion von nachwachsenden Rohstoffen verwandten Ackerfläche von etwa 700.000 ha im Jahr 2000 auf über 2,5 Mio. ha in 2012 (*FNR*, 2013).

Die steigende Nachfrage nach Nahrungs- und Futtermitteln und die zunehmende Konkurrenz um Ackerfläche durch Produktion sonstiger Agrarprodukte (z. B. nachwachsender Rohstoffe zur stofflichen und energetischen Nutzung) verdeutlichen die Notwendigkeit einer intensiven Landwirtschaft, die unter Berücksichtigung aller zur Produktion direkt eingesetzten und indirekt betroffenen Ressourcen (Arbeitskraft, finanzielles Kapital, Boden, Wasser, Energie, Biodiversität und Klima, d. h. Treibhausgasemissionen), eine maximale Ressourceneffizienz bzw. in Bezug auf die begrenzt verfügbare Ackerfläche eine maximale Flächennutzungseffizienz zu erzielen vermag. Folglich lässt sich sowohl durch steigende Erträge bei konstantem, alle Ressourcen umfassenden Faktoreinsatz als auch durch Verminderung des Faktoreinsatzes bei konstantem Ertragsniveau eine nachhaltige Produktivitätssteigerung erzielen, wie durch den wissenschaftlichen Beirat für Agrarpolitik beim Bundesministerium für Ernährung, Landwirtschaft und Verbraucherschutz definiert (*Bauhus* et al., 2012). Dies erfordert zwangsläufig auch eine bedarfsgerechte Ernährung der Pflanzen. Eine langjährig nicht am Nährstoffbedarf der Pflanze bzw. nicht an der Nährstoffabfuhr ausgerichtete Pflanzenernährung führt bei zu geringer Nährstoffzufuhr zu einer Verarmung des Bodens an Nährstoffen und zu einem Rückgang der Erträge; bei Nährstoffüberversorgung zum Nährstoffaustrag in angrenzende Ökosysteme und negativen Umweltwirkungen.

Eine Bodenuntersuchung soll anhand der durch Extraktion aus dem Boden gewonnenen Nährstoffgehalte den Nährstoffversorgungszustand der Böden ermitteln und bereits vor Aussaat der jeweiligen Kultur die pflanzenverfügbaren Gehalte an Nährstoffen im Boden abschätzen. Die darauf basierende Düngeempfehlung muss, mit Blick auf die optimale Ernährung der Pflanzen, bereits bei ihrer Erstellung möglichst allumfassend die Effekte der empfohlenen Düngung berücksichtigen. Insofern war es das Ziel des EUF Projektes „Nährstoffwechselwirkungen im Boden", den Einfluss einer Kalkung schwach Ca-versorgter Böden auf andere Nährstoffe im Boden zu untersuchen. Dabei sollten die extrahierbaren Nährstoffgehalte mittels EUF, die pflanzenverfügbaren Nährstoffe durch Versuche mit Zuckerrüben quantifiziert werden, um schlussendlich die EUF-Düngeempfehlung durch Berücksichtigung einer empfohlenen Kalkung in der Empfehlung anderer Nährstoffe zu optimieren.

2 Entwicklung der Bodenuntersuchung in Deutschland

Die fundamentalen Erkenntnisse, dass Pflanzen sich von Mineralstoffen ernähren (*Liebig*, 1840; *Sprengel*, 1828) führten zu einer revolutionären Weiterentwicklung der Pflanzenernährung und Düngungslehre. Dabei wurde klar, dass nur die ausreichende Verfügbarkeit aller für die Pflanze essentiellen Nährstoffe den Ertrag steigern konnte (Gesetz des Minimums). Gegen Ende des 19. Jh. rückte die Erfassung der Nährstoffausstattung der Böden, d. h. die Bodenuntersuchung, zunehmend in den Fokus wissenschaftlicher Untersuchungen. So untersuchte Adolph Emmerling bereits vor 1895 (*Rauterberg* et al., 1968) die P-Vorräte schleswig-holsteinischer Böden mittels Salzsäureextraktion. Spätestens seit 1926, war die Untersuchung von Böden mit Empfehlung der zu düngenden Nährstoffmengen wesentlicher Bestandteil der praktischen Landwirtschaft. Wie *Liehr* (1928) in den „Ergebnissen der Verbilligungsaktion des Reiches für Bodenuntersuchungen" berichtet, kamen dabei zur Bestimmung des Phosphorsäure- und Kali-Gehaltes vor allem die Neubauer'sche Keimpflanzen- (*Neubauer*, 1923 in *Neubauer*, 1946) und die Lemmermann'sche Zitrat-Methode (*Lemmermann* und *Fresenius*, 1927) zum Einsatz. Desweiteren wurde von den etwa 50.000 Bodenproben der pH-Wert bestimmt. Viele wissenschaftliche Arbeiten aus damaliger Zeit zeigen vergleichende Untersuchungen beider Methoden hinsichtlich ihrer Aussagekraft (z. B. *Linkermann*, 1928). Man stellte fest, dass Keimpflanzen und chemische Bodenuntersuchung nicht in der Lage waren, identische P-Gehalte zu erfassen. *Elleder* (1930) beschrieb die Neubauer-Methode als für die praktischen Landwirte wesentlich verständlicher, da sie den natürlichen Bedingungen näher sei, als die chemische Extraktion, welche aber wiederum aufgrund hoher Probenzahlen von bis zu 300 Proben pro Tag wesentlich günstiger und schneller zu realisieren war. Umfangreiche Forschungen versuchten Extraktionsmittel zu finden, welche genau die für die Pflanze verfügbaren Nährstoffe zu erfassen vermochten; *van der Spuij* (1925) gab einen umfassenden Überblick der bis dahin erprobten Extraktionsmittel (H_2O_2, HNO_3, HCl, H_2CO_3, Zitronensäure, Oxalsäure). *Herrmann* (1938) monierte die zahlreichen Methoden zur Erfassung des Nährstoffzustandes der Böden und schlug als Schnelltest eine chemische Extraktion, für Einzelfälle den Keimpflanzenversuch, vor. In der weiteren Entwicklung eines zur Erfassung von möglicherweise pflanzenverfügbarem P und K geeigneten Extraktionsmittels kamen die Lactat-, Doppel-Lactat- (DL; *Egnér*, 1932, *Riehm*, 1942 in *Behr*, 1949), und Calcium-Acetat-Lactat- (CAL; *Schüller*, 1969) Methode zum Einsatz. Sowohl DL- als auch CAL-Methode werden bis heute zu P- und K-Extraktion genutzt.

Einen weiteren, wesentlichen Beitrag zur „Bestimmung des Düngebedürfnisses des Bodens" und zum Verständnis der Wirksamkeit gegebener Nährstoffe leistete *Mitscherlich* (1924) im gleichnamigen Buch, indem er den Ertragsanstieg bei der Düngung eines bestimmten Nährstoffes unter sonst konstanten Bedingungen in Gefäßversuchen quantifizierte und in Relation zum maximal mit Gaben diesen Nährstoffs möglichen Höchstertrag setzte. Dabei stellte er unter anderem fest, dass jeder für die Pflanze nicht im Optimum befindliche Nährstoff den Ertrag zu steigern vermag, auch wenn sich dieser nicht im Minimum befand und dass die mögliche Ertragssteigerung durch Gabe eines Nährstoffes (Wachstumsfaktor) stets proportional dem am erreichbaren Höchstertrag fehlenden Ertrag ist. Das bedeutet, dass die ertragssteigernde Wirkung eines Nährstoffes mit dessen zunehmender Gabe zurückgeht.

Ebenfalls seit Beginn des 20. Jh., jedoch gänzlich unabhängig von der Erforschung möglicher Extraktionsmittel, entwickelte sich die Methode der Elektro-Ultrafiltration (EUF). *Bechhold* (1925) beschreibt sie erstmals als Kombination aus der um 1900 erfundenen Elektrodialyse (*Morse* und *Pierce*, 1903 in *Bechhold*, 1925), welche in einer Drei-Kammer-Apparatur durch das Anbringen von Spannung (Anode und Kathode) die Diffusionsvorgänge der bis dahin üblichen Dialyse erheblich beschleunigte, und der ebenfalls schon bekannten und nach Entwicklung neuer Geräte weniger kompliziert umsetzbaren Ultrafiltration. Durch das von *Bechhold* entwickelte Verfahren, die Reaktionsprodukte an Kathode und Anode abzusaugen, war es möglich die Bedingungen in der Mittelzelle konstant zu halten und die bei der Elektrodialyse problematische Neutralitätsstörung zu umgehen. In den Folgejahren wurden intensive Untersuchungen mit der von *Bechhold* entwickelten Apparatur (Geräte für Elektro-Ultrafiltration nach Bechhold-König) zur Bestimmung des Nährstoffbedürfnisses des Bodens durchgeführt (*Köttgen* und *Diehl*, 1929). Es gelang *Köttgen* und seinen Mitarbeitern die Apparatur so weiterzuentwickeln, dass diese für bodenkundliche Zwecke geeignet war (*Németh*, 1976). Nach dem Zweiten Weltkrieg geriet die Methode in Vergessenheit. Erst die Weiterentwicklung durch *Németh* (1976) rückte die Methode wieder in den Blickpunkt der Bodenuntersuchung und ermöglichte die Serienuntersuchung von Bodenproben. Durch die Variation der Extraktionsparameter Spannung und Temperatur der Bodensuspension, und die getrennte Erfassung und Analyse der so gewonnen Fraktionen wurde es möglich, Aussagen hinsichtlich der unmittelbar verfügbaren (erste Fraktion) und der nachlieferbaren (zweite und weitere Fraktionen) Nährstoffgehalte im Boden zu treffen (*Németh*, 1985; 1982; 1979; 1976). Seither wurde die EUF-Methode zur Erstellung der EUF-Düngeempfehlung verwandt und anhand von Versuchen stetig optimiert. Ein weiterer, wesentlicher Vorteil dieser Methode ist darin zu sehen, dass „die wichtigsten Pflanzennährstoffe je nach ihrer Verfügbarkeit und Pufferung in einem Extraktionsgang gewonnen werden können" (*Németh*, 1976). Derzeit werden in der EUF-Routine zwei Fraktionen erfasst und auf die Gehalte an N, P, K, Ca, Mg, Na, S und B analysiert. Darüberhinaus wurde zur Untersuchung der Mikronährstoffgehalte des Bodens (Mn, Fe, Cu, Zn) die Extraktion einer dritten Fraktion unter DTPA-Zugabe etabliert (*Horn*, 2006).

3 Aufbau des EUF Projektes und Schwerpunkt der vorliegenden Arbeit (Holger Lemme & Sven Fischer)

Die Calcium- (Ca-) Versorgung von Ackerböden spielt eine entscheidende Rolle; neben einer ausreichenden Ca-Ernährung der jeweiligen Kultur steht insbesondere die Verbesserung der Bodenstruktur durch Flockung der Tonminerale und Bildung von Ton-Humus-Komplexen im Vordergrund (*Mengel*, 1984; *Molitor* et al., 2012; *Scheffer* und *Schachtschabel*, 2010). Der Ca-Bedarf steigt mit steigendem Tongehalt (*Scheffer* und *Schachtschabel*, 2010). Unter humiden Bedingungen unterliegen die Ca-Ionen der Auswaschung und müssen besonders auf carbonatarmen Standorten regelmäßig zugeführt werden. Dafür und um einer durch vielfältige Prozesse permanent wirkenden Bodenversauerung entgegenzuwirken, ist es üblich, land- und forstwirtschaftlich genutzte Flächen zu kalken.

Die Beurteilung der Kalkbedürftigkeit eines Standorts erfolgt bei der EUF Düngeempfehlung anhand des EUF extrahierbaren Ca-Gehaltes der zweiten EUF-Fraktion. Liegt dieser unter 40 mg (100 g Boden)$^{-1}$, so ist von einer unzureichenden Ca-Sättigung der Austauscher (< 80%) und einem Kalkbedarf auszugehen (*Németh* et al., 1989). Insbesondere im pH-Bereich von 6,5 bis 7,1 zeigt der EUF-Ca-Gehalt der zweiten Fraktion den Kalkbedarf deutlich sensitiver an als der pH-Wert allein, sodass auch nahezu neutrale Böden eine zu geringe Ca-Sättigung und somit einen Kalkbedarf aufweisen können (*Németh* et al., 1989).

Ausgehend von den mit Kalk zugeführten Ca-Ionen einerseits und dem Anstieg des Boden-pH-Wertes durch Neutralisation von Protonen (H^+) andererseits, kann sowohl die Pflanzenverfügbarkeit als auch die Extrahierbarkeit verschiedener Nährstoffe im Boden beeinflusst werden. Folglich war es das Ziel des EUF Projektes „Nährstoffwechselwirkungen im Boden“, den Einfluss einer Kalkung schwach Ca-versorgter, zum Teil pH neutraler, toniger Böden auf die mittels EUF extrahierbaren Nährstoffgehalte (insbesondere P und K) im Zeitverlauf nach der Kalkzufuhr zu quantifizieren, die Pflanzenverfügbarkeit der Nährstoffe durch Versuche mit Zuckerrüben zu erfassen und die EUF Düngeempfehlung durch Berücksichtigung eventueller Effekte der Kalkung weiter zu optimieren.

Das Projekt wurde durch die Südzucker AG, die Bodengesundheitsdienst GmbH, die EUF-Arbeitsgemeinschaft zur Förderung der Bodenfruchtbarkeit und Bodengesundheit und die K+S KALI GmbH finanziert. In zwei Teilprojekten sollte der Einfluss einer Kalkung sowohl unter standardisierten Bedingungen im Labor bzw. Gewächshaus als auch unter Feldbedingungen untersucht werden (Abb. 1).

Abb. 1: *Projektstruktur–beteiligte Unternehmen und Arbeitsschwerpunkte der Dissertationen.*

Teilprojekt 1 – Laborinkubations- und Gewächshausversuche (Lemme, H.)

Innerhalb des ersten Teilprojektes war es das Ziel, die Mechanismen und Wirkungszusammenhänge einer Kalkung des Bodens grundlegend in Modellversuchen zu klären. Hierzu wurden in Gefäßversuchen nach einer Kalkung des Bodens die mittels EUF extrahierbaren und in Gewächshausversuchen die für die Zuckerrübe pflanzenverfügbaren Nährstoffgehalte untersucht. Zur Unterscheidung der durch Kalkzufuhr verursachten Erhöhung des Ca-Gehaltes und des Anstieges des pH-Wertes, wurde den Böden in weiteren Varianten Gips zur pH neutralen Erhöhung des Ca-Gehaltes bzw. Natronlauge zur Ca-freien pH-Anhebung anstelle von Branntkalk zugesetzt.

Insbesondere das Phosphat (PO_4 bzw. im folgenden P) im Boden zeichnet sich durch eine auf beide Kalkeffekte (Anstieg von Ca-Gehalt und pH-Wert im Boden) sensible Dynamik aus. Nach derzeitigem Kenntnisstand kann P im Boden, je nach Fortschreiten der Pedogenese, in Form von Apatit, sonstigen gefällten Calcium- (Ca) P, und gefällten Eisen- (Fe) und Aluminium- (Al) P sowie an Fe- und Al-Oxiden bzw. an Ca sorbiert, in der organischen Substanz gebunden und zu einem sehr geringen Anteil gelöst in der Bodenlösung vorliegen (*Scheffer* und *Schachtschabel*, 2010). Dabei sind Ca-P grundsätzlich zunehmend im saurer werdenden Milieu, das heißt mit sinkendem pH-Wert, löslich, wohingegen die Löslichkeit und Desorption der Fe/Al-P mit zunehmendem pH-Wert ansteigt. Die Zufuhr großer Ca-Mengen durch Kalkung ließ, insbesondere in Kombination mit dem steigenden pH-Wert, die zunehmende Bildung von Ca-P erwarten. Jedoch könnten auch Fe/Al-P, sofern sie im schwach sauren bzw. fast neutralen pH-Bereich vorhanden sind (*Machold*, 1963), mit steigendem pH-Wert mobilisiert werden. Zudem war nicht klar, ob steigende Ca-Gehalte im Boden zwangsläufig zu einer Verringerung der Pflanzenverfügbarkeit von P oder der P-Extrahierbarkeit führen, schließlich kann P im alkalischen Bereich auch über Ca-Brücken an Fe-Oxiden sorbiert werden (*Scheffer* und *Schachtschabel*, 2010).

Folglich lag der Schwerpunkt der vorliegenden Arbeit in der Untersuchung der P Extrahierbarkeit mittels EUF, der Pflanzenverfügbarkeit von P für Zuckerrüben in Gefäßversuchen und der verschiedenen P Fraktionen im Boden nach einer Kalkanwendung. Darüberhinaus war es möglich, aufgrund der Erfassung sämtlicher Pflanzennährstoffe, sowohl durch EUF (N, P, K, Ca, Mg, Na, S, B) als auch bei der Pflanzenanalyse (P, K, Ca, Mg, Na, S, B, Fe, Mn, Cu, Zn), Aussagen hinsichtlich des Einflusses einer Kalkung auf die Extrahierbarkeit und Pflanzenverfügbarkeit weiterer Nährstoffe in Gefäßversuchen zu treffen.

Teilprojekt 2 – Feldinkubations- und Felddüngungsversuche (Fischer, S.)

Ziel des zweiten Teilprojektes war die Untersuchung des Einflusses einer Kalkung auf EUF-extrahierbare und von Zuckerrüben aufgenommenen Nährstoffen unter Feldbedingungen und damit auch die Validierung der in Teilprojekt 1 gewonnenen Erkenntnisse.

In den Feldversuchen wurden, zusätzlich zur Kalkung, Varianten mit unterschiedlich hoher Kalium- (K-) und Magnesium- (Mg-) Düngung etabliert. Diese ermöglichten die Betrachtung der Wechselwirkungen zwischen den Kationen bei unterschiedlich hohen Düngergaben und sollten Schlussfolgerungen hinsichtlich des Einflusses einer Kalkung auf Nährstoff-Nachlieferungsprozesse im Boden und das Nährstoff-Aneignungsvermögen von Zuckerrüben zulassen.

Der Einfluss einer Kalkung auf die K-Gehalte im Boden und die Pflanzenverfügbarkeit von K wird in der Literatur nicht einheitlich beschrieben. An den Austauschern im Boden kann K als Folge der Ca-Zufuhr desorbiert und so auf Böden mit geringer Pufferkapazität verlagert werden (*Schwertmann* et al., 1976). Auch die K-Aufnahme kann infolge der Kalkung behindert werden (*Ehrenberg*, 1920; *Varnai* et al., 1985). Der Ertrag von Zuckerrüben stieg aber nach einer Kalkung in Versuchen von *Grass* und *Budig* (1976). Und auch bei *Ehrenberg* (1920) und *Varnai* et al. (1985) egalisierte eine zusätzlich zur Kalkung ausgebrachte K-Düngung den Effekt der Kalkgabe. Gefäßversuche von *Grimme* et al. (1973) weisen darauf hin, dass Ionenantagonismen zwischen K und Mg aber auch zwischen K und Ca hierbei von Bedeutung sein können, vor allem bei Böden, die sich im K-Mangelbereich befinden. Somit stand im zweiten Teilprojekt die Untersuchung der Kationenverhältnisse im Boden nach einer Kalkung im Vordergrund.

Die Ergebnisse dieses Projektteils werden in einer separaten Dissertationsschrift dargestellt.

4 Aufbau der Arbeit

Die vorliegende Arbeit ist in insgesamt sechs Kapitel gegliedert. In den Kapiteln II, III und IV finden sich die wesentlichen Ergebnisse in Form von veröffentlichten oder zur Veröffentlichung vorgesehenen Artikeln in wissenschaftlichen Journalen.

Der erste Artikel (*Lemme, H., Koch, H.-J., Horn, D., Märländer, B.*, 2013; Kapitel II), veröffentlicht in der Zeitschrift „Zuckerindustrie“ (138, Sonderheft 11. Göttinger Zuckerrübentagung, 39–48), befasste sich mit dem „Einfluss einer Kalkung auf EUF-extrahierbares Phosphor, Kalium und Bor und deren Pflanzenverfügbarkeit in Gefäßversuchen mit Zuckerrüben“. Darüberhinaus wurden auch die Aufnahmen weiterer Nährstoffe, wie Magnesium, Natrium, Eisen und Mangan, in die Pflanze betrachtet und diskutiert.

Im zweiten Artikel (*Lemme, H., Koch, H.-J., Horn, D., Märländer, B.*; Kapitel III) „Effect of calcium addition and pH increase on electro-ultrafiltration (EUF) extractable and sugar beet plant available phosphate on loessial soils“ wurden über die Kalkung hinaus weitere Varianten mit Gips- bzw. Natronlauge-Gabe ausgewertet und der Einfluss des Ca-Gehaltes und des pH-Wertes des Bodens separat auf die Extrahierbarkeit und die Pflanzenverfügbarkeit von Phosphor untersucht und diskutiert. Dieser Artikel wurde beim „Journal of Plant Nutrition and Soil Science“ eingereicht.

Der dritte Artikel (*Lemme, H., Dittert, K., Koch, H.-J., Märländer, B.*; Kapitel IV) „Liming of loess soils increases EUF extractable and labile P“ hatte die Fraktionierung der Bodenphosphate zum Gegenstand. Es wurde der Einfluss einer Kalk-, Gips- und Natronlauge-Gabe zum Boden untersucht. Darüberhinaus wurden Zusammenhänge zwischen EUF extrahierbarem P der ersten und zweiten EUF-Fraktion und den sequenziell extrahierten Phosphorfraktionen hergestellt. Der Artikel wurde ebenfalls beim „Journal of Plant Nutrition and Soil Science“ eingereicht.

Der Ausblick (Kapitel V) „Nachhaltige Produktivitätssteigerung durch Erhöhung der P-Effizienz“ stellt die gewonnenen Erkenntnisse, die Bedeutung des Phosphates für die Pflanzenernährung und die Rolle der Bodenuntersuchung vor dem Hintergrund einer nachhaltigen Produktivitätssteigerung dar.

II Artikel 1 – Einfluss einer Kalkung auf EUF-extrahierbares Phosphor, Kalium und Bor im Boden und deren Pflanzenverfügbarkeit in Gefäßversuchen mit Zuckerrüben

Holger Lemme, Heinz-Josef Koch, Dietmar Horn, Bernward Märländer

Kurzfassung

Die Kalkung landwirtschaftlich genutzter Böden ist für die Anhebung des pH-Wertes und die Zufuhr von Calcium (Ca) insbesondere auf carbonatarmen Böden von großer Wichtigkeit. Dabei können vom Ca-Ion bzw. pH-Wert ausgehende Wechselwirkungen zu anderen Nährstoffen auftreten und diese in ihrer Verfügbarkeit für die Pflanze beeinflussen. Ziel der vorliegenden Untersuchung war es, den Einfluss einer Kalkung auf mittels Elektro-Ultrafiltration (EUF) extrahierbare und pflanzenverfügbare Nährstoffe zu quantifizieren. Dazu wurden drei tonig schluffige Lössböden mit Branntkalk versetzt (0; 1,4; 3,7 und 7,4 g CaO kg^{-1}) und für acht Wochen bei 12 °C und 40% ihrer Wasserhaltekapazität inkubiert. Im Anschluss wurden die Böden mittels EUF analysiert und als Substrat für die Testpflanze Zuckerrübe im Gewächshaus verwandt. Infolge der Kalkgabe stieg der pH-Wert von 6,8 auf 7,6; 8,1 bzw. 8,9 an, der EUF-extrahierbare Phosphor- (P-) Gehalt des Bodens nahm um 1 – 2 mg $(100 \text{ g Boden})^{-1}$ zu, die P-Aufnahme der Pflanzen stieg um bis zu 83%. Somit zeigt diese Studie einen Anstieg des extrahierbaren und pflanzenverfügbaren P infolge einer Kalkung von Böden mit neutralem Ausgangs-pH-Wert. Ein Einfluss der Kalkung auf extrahierbares Kalium (K) und die K-Gehalte der Pflanzen wurde nicht festgestellt. Von den Mikronährstoffen war es ausschließlich Bor, dessen Pflanzenverfügbarkeit durch die Kalkung zurück ging. Diese Ergebnisse müssen in Feldversuchen validiert werden.

Schlagwörter: Branntkalk, Elektro-Ultrafiltration, Nährstoffverfügbarkeit, pH-Wert, Bodenuntersuchung

Abstract

Liming of agricultural used soils is important especially on sites with poor carbonate content to increase the pH value and to add calcium (Ca). Interactions of the Ca-ions as well as the pH on other nutrients in the soil can affect their plant availability. The objective of this study was to quantify the effect of liming on EUF-extractable and plant available nutrients in soil. In pot trials, increasing amounts of burnt lime (0, 1.4, 3.7 and 7.4 g CaO kg^{-1}) were added to three clayey silt soils derived from loess. Afterwards the treatments were incubated for eight weeks at 12 °C and 40% water-holding capacity. After incubation, the soils were analyzed by electro-ultrafiltration (EUF) and used as substrate for the test-crop sugar beet in the greenhouse. As a consequence of liming the pH of the soil increased from 6.8 up to 7.6, 8.1 and 8.9, respectively. The EUF-extractable phosphorus (P) content of the soil increased by 1 – 2 mg (100 g soil)$^{-1}$ with increasing amounts of lime. The P uptake of the sugar beet plants increased by up to 83% compared with the control. Consequently an increase of P extractability and plant availability occurred by liming soils with pH at nearly 7. There was no effect of lime on the extractable potassium (K) and the K content of the plants. Of the micronutrients only the plant available boron decreased by liming. These results must be validated by field trials.

Key words: burnt lime, electro-ultrafiltration, nutrient availability, pH, soil analysis

1 Einleitung

Aktuelle Entwicklungen, wie Energiewende und GAP-Reformen, stellen die deutsche und europäische Landwirtschaft vor neue Herausforderungen. Zielkonflikte in der Flächennutzung (Lebens- und Futtermittelproduktion vs. Energiepflanzenproduktion vs. Natur- und Umweltschutz; BMELV, 2012) und steigende Getreidepreise (DESTATIS, 2013) verstärken die Konkurrenz zwischen den Kulturen um Ackerfläche und könnten auch die Zuckerrübenproduktion in Zukunft zunehmend betreffen. In diesem Zusammenhang kommt der optimalen Ausnutzung des Ertragspotentials eines Standortes sowohl aus einzelbetrieblicher ökonomischer Sicht als auch mit Blick auf die zukünftige Wettbewerbsfähigkeit des Rübenanbaus insgesamt steigende Bedeutung zu.

Das Pflanzenwachstum und damit der Ertrag wird durch eine Vielzahl von Umweltfaktoren und dabei insbesondere durch diverse Bodenparameter beeinflusst. Hierbei spielen neben der standortgegebenen Textur und dem Humusgehalt in erster Linie die Bodenacidität (pH-Wert), eine ausreichende Versorgung mit Nährstoffen und die Bodenstruktur eine entscheidende Rolle. Calcium (Ca) ist dabei als Pflanzennährstoff und insbesondere für die Bodenstruktur bedeutsam (*Mengel*, 1984; *Scheffer* und *Schachtschabel*, 2010). Die Aggregatbildung, sowohl durch Flockung der Tonminerale als auch durch die Bildung von Ton-Humus-Komplexen, stabilisiert das Bodengefüge, erfordert aber eine ausreichende Ca-Versorgung der Böden. Dabei steigt der Bedarf an Ca mit steigendem Tongehalt (*Scheffer* und *Schachtschabel*, 2010).

Etwa 75% (*Molitor*, 2013) der deutschen Ackerböden sind weitestgehend carbonatfrei und erfordern die Regulation des pH-Wertes und Ca-Gehaltes durch den Landwirt. Dies ist umso wichtiger, da der Boden unter humiden Bedingungen einer natürlichen Versauerung unterliegt und beträchtliche Mengen an Ca durch Auswaschung verliert (*Mengel*, 1984; *Scheffer* und *Schachtschabel*, 2010). Um optimale Wachstumsbedingungen für die Kulturen wieder herzustellen, ist die Anhebung des pH-Wertes und des Ca-Gehaltes durch eine Kalkung des Bodens eine wichtige agronomische Maßnahme. Da die Zuckerrübe empfindlich auf niedrige pH-Werte des Bodens reagiert, sollten zumindest neutrale (pH 7) besser sogar leicht basische Bedingungen angestrebt werden (*Christenson* und *Draycott*, 2006). Die Höhe der zuzuführenden Kalkmenge richtet sich nach der angestrebten pH-Anhebung, der Bodentextur und dem Humusgehalt des Standortes sowie der Reaktivität des Kalkes (*Scheffer* und *Schachtschabel*, 2010).

Aufgrund der vielfältigen Effekte einer Kalkung sind diverse, insbesondere bodenchemische Wechselwirkungen zu anderen Nährstoffen naheliegend. So führt der pH-Anstieg in erster Linie zu einem Anstieg der Kationenaustauschkapazität und schafft damit zusätzliche Bindungsplätze zur Sorption von Kationen und in der Folge deren erhöhte Pufferung und geringere Verlagerung (*Ernani* et al., 2012; *Scheffer* und *Schachtschabel*, 2010). Bei dem in anionischer Form als Phosphat vorliegenden Phosphor (P) soll die Verfügbarkeit durch eine pH-Anhebung bis zu einem pH-Wert von etwa 6,5 ansteigen (*Mengel*, 1984; *Scheffer* und *Schachtschabel*, 2010). Als Ursache hierfür wird die Desorption von Eisen- (Fe-) und Aluminium- (Al-) Phosphaten beschrieben. Bei pH-Werten > 6,5 liegt P zunehmend in Form schwer löslicher Ca-Phosphate vor, die P-Konzentration in der Bodenlösung sinkt (*Scheffer* und *Schachtschabel*, 2010). Dieser Zusammenhang ist unter Praktikern und Beratern als P-Festlegung bei hohen pH-Werten bekannt (*Kerschberger* und *Preusker*, 2012; *Kerschberger* und *Schütze*, 2012).

Auch die Verfügbarkeit der Mikronährstoffe Eisen (Fe), Mangan (Mn), Kupfer (Cu), Zink (Zn) und Bor (B) soll bei pH-Werten > 7 aufgrund von Festlegung vermindert sein (*Finck*, 1979; *Kerschberger* und *Schütze*, 2012; *Mengel*, 1984; *Scheffer* und *Schachtschabel*, 2010; *Wunderer* et al., 2003). Hohe Mengen an Ca im Boden sollen weiterhin die Aufnahme anderer Kationen wie z. B. Kalium (K) und Magnesium (Mg) in die Pflanze behindern (*Burström*, 1934; *Ehrenberg*, 1919). Derartige antagonistische Wirkungen haben auch *Wunderer* et al. (2003) umfassend gegenübergestellt und kommen, ungeachtet bodenchemischer Reaktionen oder pflanzenphysiologischer Ursachen, zu dem Schluss, dass Ca sowohl auf K und Mg als auch auf B, Mn und Zn eine starke Wirkungshemmung ausübt.

Zur Abschätzung der pflanzenverfügbaren Nährstoffgehalte im Boden und damit des Düngebedarfs werden im Rahmen der Bodenuntersuchung mit verschiedensten Lösungen die aus dem Boden extrahierbaren Nährstoffe bestimmt. Dabei sind extrahierbare Nährstoffe im Boden nicht unbedingt den pflanzenverfügbaren gleichzusetzen, auch wenn viele Bodenuntersuchungsmethoden dies für sich beanspruchen. Die Aufnahme eines Nährstoffs in die Pflanze wird neben den Nährstoffgehalten des Bodens durch das Nährstoffaneignungsvermögen der Pflanze bestimmt (*Claassen* und *Jungk*, 1984). Von daher sind zur Beurteilung der Pflanzenverfügbarkeit von Nährstoffen im Boden auch die von der Pflanze aufgenommenen Nährstoffe anhand des Nährstoffgehaltes im Pflanzengewebe zu betrachten (*Mengel*, 1984; *Scheffer* und *Schachtschabel*, 2010). Um mögliche Ertragseffekte bei der Bewertung der Nährstoffgehalte im Pflanzengewebe zu berücksichtigen, kann die Nährstoffaufnahme bzw. der Nährstoffentzug errechnet werden. Entsprechend sind zur umfassenden Beurteilung der Pflanzenverfügbarkeit von Nährstoffen im Rahmen der Bodenuntersuchung sowohl die extrahierbaren Nährstoffgehalte des Bodens als auch die Nährstoffgehalte und die Nährstoffaufnahme der Pflanzen heranzuziehen.

Die Bodenuntersuchung mittels Elektro-Ultrafiltration (EUF) bedient sich bei der Extraktion der Nährstoffe der elektrischen Ladung der Ionen in der Bodensuspension und deren Verhalten im elektrischen Feld (*Németh*, 1976). Dabei werden sämtliche Nährstoffe in einem Extraktionsdurchgang binnen 35 Minuten extrahiert. Durch Veränderung der Extraktionsparameter ermöglicht die EUF-Methode unterschiedlich fest gebundene Nährstoffe getrennt zu extrahieren (*Németh*, 1985) und zu analysieren (routinemäßig 2 Fraktionen).

Eine am Bedarf der Pflanzen orientierte Düngeempfehlung ist Voraussetzung für die Ausschöpfung des Ertragspotentials eines Standortes. Eine präzise Beurteilung der pflanzenverfügbaren Nährstoffe im Boden mittels Bodenuntersuchung setzt bei einer empfohlenen Kalkung infolge suboptimaler pH-Werte bzw. Ca-Gehalte Kenntnis über den quantitativen Einfluss der Kalkung auf die Pflanzenverfügbarkeit und Extrahierbarkeit der Nährstoffe voraus. Untersuchungen zum Einfluss einer Kalkung auf EUF-extrahierbare Nährstoffgehalte liegen bis jetzt nicht vor. Entsprechend war es das Ziel dieser Studie, den Effekt einer Kalkung auf EUF-extrahierbare und pflanzenverfügbare Nährstoffe zu quantifizieren und damit einen Beitrag zur Optimierung der EUF-Düngeempfehlung zu leisten. Im Mittelpunkt der vorliegenden Studie standen dabei die Hypothesen, dass bei einer Kalkung von neutralen Böden (i) ein Rückgang des extrahierbaren und pflanzenverfügbaren P und B sowie (ii) eine Verminderung des pflanzenverfügbaren K eintritt. Zur Prüfung dieser Hypothesen wurden Inkubationsversuche mit gestaffelter Kalkdüngung unter standardisierten Bedingungen gefolgt von Bodenanalysen und Gefäßversuchen mit Zuckerrüben im Gewächshaus durchgeführt. Eng damit verknüpft und auf einander abgestimmt wurden Feldversuche angelegt, die separat beschrieben werden (*Fischer* et al., 2013).

2 Material und Methoden

2.1 Versuchsdurchführung

In den Jahren 2011 und 2012 wurden drei zeitlich getrennte Versuche durchgeführt, die jeweils aus einem Inkubations- und einem Gewächshausversuch bestanden. In zwei

Versuchen wurde Boden einer Ackerfläche (0 – 30 cm) nahe Erfurt eingesetzt, im dritten Versuch dienten Böden aus der Nähe von Göttingen und Ochsenfurt als Testböden für die Kalkung. Bei allen drei Böden handelte es sich um tonige Schluffe, deren Tongehalt in der Reihenfolge Erfurt, Ochsenfurt, Göttingen von ca. 25% auf etwa 14% abnahm (Tab. 1). Wie Carbonat- (< 0,1%) und EUF-Ca-Gehalt der zweiten Fraktion (ca. 18 mg $(100\ g)^{-1}$) der Böden zeigen, handelte es sich um weitestgehend carbonatfreie, Ca-arme Böden ($Ca_{EUF\text{-}F2}$ < 40 mg $(100\ g)^{-1}$). Im Humusgehalt (ca. 2%) und pH-Wert unterschieden sich die Böden kaum (Tab. 1). Die potentielle Kationenaustauschkapazität war im Erfurter Boden geringfügig, der EUF-K-Gehalt fast drei Mal höher als in den Böden Göttingen und Ochsenfurt (Tab. 1). Der Boden Ochsenfurt war durch sehr niedrige EUF-P-Gehalte entsprechend der Gehaltsklasse A gekennzeichnet (Tab. 1).

Der luftgetrocknete Boden wurde gesiebt (< 5 mm) und mit 1,4; 3,7 und 7,4 g CaO (Branntkalk, 90%) je kg Boden gemischt. Bei einer Bearbeitungstiefe von 22 cm und einer Lagerungsdichte von 1,45 t m^{-3} entspricht dies einer Kalkdüngung im Feld von 4 (CaO-4); 12 (CaO-12) und 24 (CaO-24) t CaO ha^{-1}. Eine unbehandelte Kontrolle blieb ungekalkt (CaO-0). Jede Variante wurde vierfach mit jeweils 2 kg Trockenmasse (TM) Boden $Gefäß^{-1}$ wiederholt. Während des Mischens wurde der Wassergehalt der Böden durch Zugabe von destilliertem Wasser auf 40% der Wasserhaltekapazität (*Wilke*, 2005) angehoben. Der Boden wurde anschließend für einen Zeitraum von acht Wochen in mit Polyethylen-Folie (diffusionsoffen für O_2 und CO_2) abgedeckten Polypropylen-Gefäßen in einer Klimakammer bei einer konstanten Temperatur von 12 °C inkubiert.

Tab. 1: *Textur, chemische Bodeneigenschaften und EUF-Gesamt-Phosphor- (P_{EUF}-) und Kalium- (K_{EUF}-) Gehalte sowie EUF-Calcium-Gehalt der zweiten Fraktion ($Ca_{EUF\text{-}F2}$) der Böden Erfurt, Göttingen und Ochsenfurt.*

	Erfurt	Göttingen	Ochsenfurt
Schluff [%]	70,5	80,8	80,1
Ton [%]	25,3	13,5	19,0
Bodenart	Ut4	Ut3	Ut4
Humus [%]	2,6	2,2	2,0
C/N	10,1	10,1	9,0
$CaCO_3$ [%]	0,1	0,2	0,1
pH-Wert [ ]	6,7	6,7	7,1
KAK_{pot} #	18,6	13,3	14,3
$Ca_{EUF\text{-}F2}$ ##	18,0	18,9	18,6
P_{EUF} ##	5,0	4,7	1,7
K_{EUF} ##	28,2	11,1	9,6

 # potentielle Kationenaustauschkapazität [cmol (kg $Boden)^{-1}$]. ## EUF-Gehalte [mg (100 g $Boden)^{-1}$].

Nach Ablauf der Inkubationszeit wurde ca. die Hälfte des inkubierten Bodens zur Bodenuntersuchung verwandt, die verbleibenden 1 kg TM Boden wurden im Gewächshausversuch als Substrat in 1-L-Rundtöpfen (Göttinger) genutzt. Je Topf wurden 10 vorgekeimte Zuckerrübenpillen (Sorte „Schubert“) ausgelegt und nach dem Auflaufen auf fünf Pflanzen je Gefäß vereinzelt. Der Wassergehalt des Bodens wurde gravimetrisch bestimmt und durch wiederholtes Gießen mit destilliertem Wasser zwischen 60 und 80% der Wasserhaltekapazität eingestellt. Die Gewächshaustemperatur variierte mit der Jahreszeit, betrug aber mindestens 18 °C. Die Pflanzen wurden nachts für 12 h zusätzlich beleuchtet (OSRAM PLANTASTAR®, 600 W; 4,5 klux m^{-2}). Es wurden eine Stickstoffdüngung (NH_4NO_3) von 400 mg N $Gefäß^{-1}$ in fünf Gaben (wöchentlich, ab der dritten Woche 80 mg N $Gefäß^{-1}$ $Gabe^{-1}$) und vier Tachigaren-Fungizidbehandlungen (à 7,5 mg $(10 Pillen)^{-1}$) zur Vermeidung von Wurzelbrand appliziert. Die Vegetationsdauer der Zuckerrüben (Auslegen – Ernte) betrug in allen Versuchen etwa acht Wochen, geerntet wurden die Gesamtpflanzen. Dabei wurden die sich bildenden Rüben und das Blatt nicht getrennt. Bei der Entnahme aus dem Boden wurden Faserwurzeln, sofern sie vorhanden waren, am Rübenkörper belassen.

2.2 Boden- und Pflanzenanalysen

Der zu untersuchende Boden wurde bis zur Gewichtskonstanz getrocknet (40 °C), vermahlen (< 1 mm) und homogenisiert. Der pH-Wert wurde in $CaCl_2$-Lösung (0,01 M) gemessen (10 g TM Boden $(25 mL)^{-1}$; VDLUFA, 1991). Die Nährstoffe (u.a. P und K) im Boden wurden mittels Elektro-Ultrafiltration (EUF) extrahiert (EUF 2000, HEITEC AG, Erlangen). Dabei wurden routinemäßig zwei Fraktionen (EUF-F1, EUF-F2) unterschieden. Die genaue Funktionsweise der EUF-Extraktion ist bei *Németh* (1976) beschrieben. Die Extraktion der ersten Fraktion erfolgte bei 20 °C, maximal 200 V und 15 mA für 30 min, die der zweiten Fraktion bei 80 °C, maximal 400 V und 150 mA für 5 min (*VDLUFA*, 2002). Die Menge extrahierten Ortho-Phosphats (PO_4^{3-}) wurde photometrisch im Continuous Flow Analyser (SKALAR 4000, Skalar Analytical B.V., Breda) mittels Molybdän-Blau-Methode nach *Murphy* und *Riley* (1962) bei 880 nm bestimmt. Die K-, Na-, Mg- und B-Gehalte im Extrakt wurden mittels optischer Emissionsspektrometrie mit induktiv gekoppeltem Plasma (ICP-OES; K, Na, Mg: SPECTROFLAME, SPECTRO Analytical Instruments GmbH, Kleve; B: Arcos FHE, SPECTRO Analytical Instruments GmbH, Kleve) quantifiziert. Weitere Mikronährstoffe im Boden wurden nicht untersucht.

Das Pflanzenmaterial wurde bis zur Gewichtskonstanz bei 105 °C getrocknet und anschließend gemahlen (< 0,5 mm). Es folgte ein nasschemischer Aufschluss mit Salpetersäure und Wasserstoffperoxid (0,5 g Pflanzenmaterial (10 mL 70%-HNO_3 + 3 mL 30%-$H_2O_2)^{-1}$) bei 220 °C und für 20 min in der Mikrowelle (MARS-X-PRESS, CEM GmbH, Kamp-Lintfort). Die Elementgehalte der Aufschlüsse (Makro- und einige

Mikronährstoffe) wurden im ICP-OES (Arcos FHE, SPECTRO Analytical Instruments GmbH, Kleve) quantifiziert. Durch Multiplikation von Gesamtpflanzenertrag [g TM (kg TM Boden)$^{-1}$] und Nährstoffgehalt im Pflanzengewebe [g (kg TM Pflanze)$^{-1}$] wurde die Nährstoffaufnahme der Pflanzen aus 1 kg Boden [mg (kg TM Boden)$^{-1}$] berechnet.

2.3 Statistische Auswertung

Die vier Wiederholungen jeder Kalkvariante waren innerhalb der drei zeitlich getrennt abgelaufenen Versuche sowohl während der Inkubation als auch im Gewächshaus randomisiert angeordnet.

Zur statistischen Auswertung wurde die Kombination (Wechselwirkung) aus Versuch und Boden als Umwelt definiert (Versuch 1-Erfurt, Versuch 2-Erfurt, Versuch 3-Göttingen, Versuch 3-Ochsenfurt). Die Auswertung erfolgte unter Verwendung der Software SAS® 9.3. Es wurde eine zweifaktorielle Varianzanalyse mit der Prozedur MIXED (*Littell* et al., 1996) durchgeführt. Neben dem Effekt der Kalkung (CaO-0, CaO-4, CaO-12, CaO-24) wurden der Effekt Umwelt und deren Wechselwirkung (Kalkung x Umwelt) als fixe Effekte untersucht. Dabei wurde die Wechselwirkung aus Versuch x Wiederholung als zufällig angenommen.

Da keine relevanten Wechselwirkungen zwischen Kalkung und Umwelt für die untersuchten Parameter auftraten, wird bei der Darstellung der Ergebnisse darauf nicht weiter eingegangen und stattdessen ausschließlich der Effekt der Kalkung im Mittel der vier Umwelten dargestellt.

Die Normalverteilung der Daten wurde mit der Prozedur UNIVARIATE getestet. Der Vergleich der individuellen Mittelwerte wurde mit dem Tukey-Test bei $p \leq 0{,}05$ innerhalb des LSMEANS-Statements durchgeführt, die Sortierung und Zuordnung von Buchstaben erfolgte mit dem PDMIX800 (*Saxton*, 1998). Die grafischen Darstellungen wurden mit der Software Sigma Plot 11.0 (Systat Software Inc.) erstellt.

3 Ergebnisse

3.1 Calcium, pH-Wert und Ertrag

Mit steigender Kalkgabe stiegen die Ca-Gehalte des Bodens im Mittel der Umwelten sowohl in der ersten als auch zweiten EUF-Fraktion signifikant an. Der pH-Wert stieg von 6,8 in der Kontrolle auf 8,9 in der Variante CaO-24 (Tab. 2).

Der Gesamtpflanzenertrag stieg durch die Kalkgabe signifikant bis zur Variante CaO-12 an und blieb in der Variante CaO-24 auf diesem Niveau (Tab. 2; Abb. 1). Insbesondere im Gesamtpflanzenertrag der Zuckerrübenpflanzen gab es Unterschiede zwischen den Umwelten (nicht gezeigt). So variierte der Gesamtpflanzenertrag im Mittel der vier CaO-Varianten zwischen 17,3 g (kg TM Boden)$^{-1}$ in der Umwelt Versuch 2-Erfurt und

7,9 g (kg TM Boden)$^{-1}$ in Versuch 3-Ochsenfurt. Dabei blieb der Effekt der Kalkung jedoch immer gleichgerichtet.

Tab. 2: *Einfluss einer Kalkung mit äquivalent 0, 4, 12 und 24 t CaO ha^{-1} auf pH-Wert, Gesamt-EUF-Nährstoffgehalte des Bodens (Mg, B) bzw. EUF-Gehalte in der ersten (F1) und zweiten (F2) Fraktion (Ca, (Mg), Na) und den Gesamtpflanzenertrag (Rübe + Blatt) 8 Wochen alter Zuckerrübenpflanzen im Gefäßversuch. Mittelwerte mit gleichen Buchstaben innerhalb jeder Zeile sind nicht signifikant verschieden bei $p \leq 0,05$ (Tukey-Test, 4 Umwelten).*

	CaO-0	CaO-4	CaO-12	CaO-24
pH-Wert [ ]	6,8^{d}	7,6^{c}	8,1^{b}	8,9^{a}
$Ca_{EUF-F1}$$^{\#}$	25^{d}	45^{c}	52^{b}	86^{a}
$Ca_{EUF-F2}$$^{\#}$	18^{d}	40^{c}	68^{b}	87^{a}
$Mg_{EUF-F2}$$^{\#}$	0,5^{a}	0,4^{b}	0,2^{c}	0,1^{d}
$Mg_{EUF}$$^{\#}$	2,4^{a}	2,0^{a}	1,0^{b}	0,6^{b}
$Na_{EUF-F1}$$^{\#}$	4,4^{a}	4,0^{ab}	3,8^{ab}	3,5^{b}
$Na_{EUF-F2}$$^{\#}$	0,3^{c}	0,4^{c}	0,5^{b}	0,8^{a}
$B_{EUF}$$^{\#\#}$	0,61^{a}	0,63^{a}	0,62^{a}	0,66^{a}
Ertrag$^{\#\#\#}$	9,4^{c}	11,3^{b}	13,3^{a}	13,3^{a}

 # EUF-Gehalte [mg (100 g Boden)$^{-1}$]. ## B-Gehalt [mg (1000 g Boden)$^{-1}$]. ### Gesamtpflanzenertrag [g TM (kg TM Boden)$^{-1}$].

Abb. 1: *Einfluss einer Kalkung mit äquivalent 0, 4, 12 und 24 t CaO ha^{-1} auf den Wuchs 8 Wochen alter Zuckerrüben in der Umwelt Versuch 1-Erfurt zum Zeitpunkt der Ernte.*

3.2 Phosphor

Der EUF-extrahierbare P-Gehalt des Bodens stieg im Mittel der Umwelten in der Variante CaO-12 sowohl in der ersten als auch in der zweiten Fraktion im Vergleich zur Kontrolle signifikant an (Abb. 2). In der Variante CaO-24 ging der EUF-P-Gehalt in der ersten Fraktion zurück, wohingegen die zweite Fraktion unverändert blieb. Damit lag der P-Gehalt in der Summe beider Fraktionen in der CaO-24-Variante, ebenso wie in der CaO-4-Variante, signifikant niedriger als in der CaO-12-Variante, aber höher als in der unbehandelten Kontrolle.

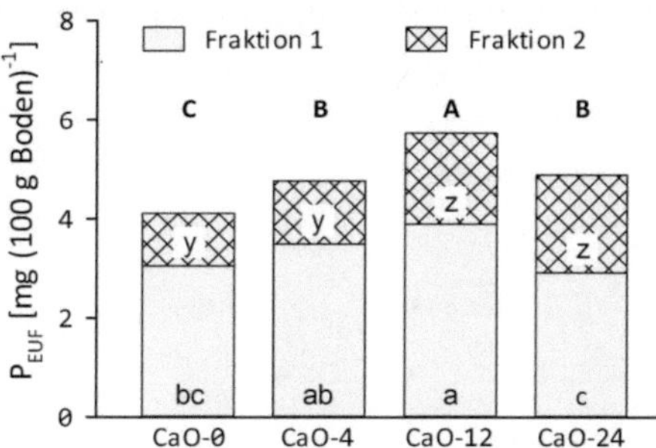

Abb. 2: *Einfluss einer Kalkung mit äquivalent 0, 4, 12 und 24 t CaO ha*$^{-1}$ *auf EUF-extrahierbares Phosphor (P) in der ersten und zweiten EUF-Fraktion im Boden nach 8-wöchiger Inkubation. Mittelwerte mit gleichen Großbuchstaben (Summe beider Fraktionen) bzw. gleichen Kleinbuchstaben (a – c: Fraktion 1; y, z: Fraktion 2) sind nicht signifikant verschieden bei p ≤ 0,05 (Tukey-Test, 4 Umwelten).*

Auch die P-Aufnahme der Zuckerrübenpflanzen stieg infolge der Kalkung an (Abb. 3). Sie war in der CaO-24-Variante am höchsten. Hier lag auch der P-Gehalt im Pflanzengewebe signifikant über den P-Gehalten der Pflanzen der übrigen Varianten.

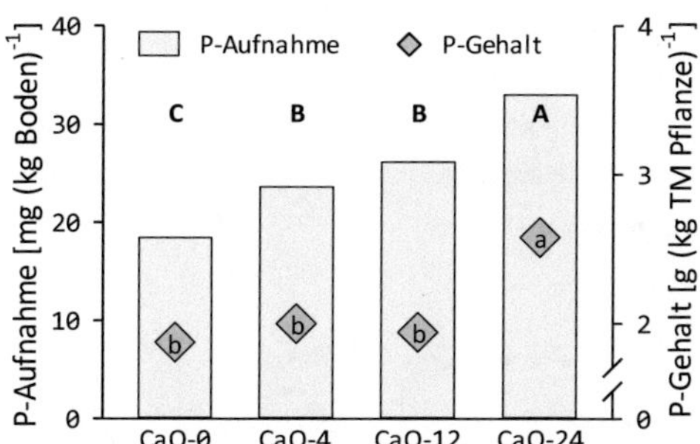

Abb. 3: *Einfluss einer Kalkung mit äquivalent 0, 4, 12 und 24 t CaO ha*$^{-1}$ *auf die Phosphor-(P-) Aufnahme und den P-Gehalt 8 Wochen alter Zuckerrübenpflanzen im Gefäßversuch. Mittelwerte mit gleichen Großbuchstaben (P-Aufnahme) bzw. gleichen Kleinbuchstaben (P-Gehalt) sind nicht signifikant verschieden bei p ≤ 0,05 (Tukey-Test, 4 Umwelten).*

3.3 Kalium

Der aus dem Boden mittels EUF extrahierbare K-Gehalt stieg in der Summe beider Fraktionen in den Varianten CaO-4 und CaO-12 an, ging aber in der CaO-24-Variante im Vergleich zur unbehandelten Kontrolle signifikant zurück (Abb. 4). Dabei sank der K-Gehalt in der ersten EUF-Fraktion signifikant ab (CaO-12, CaO-24) und stieg in der zweiten EUF-

Fraktion signifikant an. Der Anstieg in der zweiten Fraktion fiel größer aus als der Rückgang des K-Gehaltes in der ersten Fraktion. Eine Ausnahme davon stellte die Variante CaO-24 dar. Hier war der Rückgang gegenüber der Variante CaO-12 in der ersten Fraktion sehr deutlich, während die zweite Fraktion unverändert blieb.

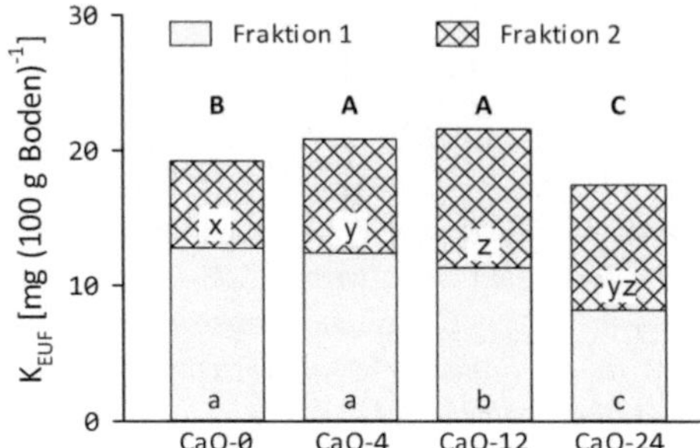

***Abb. 4:** Einfluss einer Kalkung mit äquivalent 0, 4, 12 und 24 t CaO ha^{-1} auf EUF-extrahierbares Kalium (K) in der ersten und zweiten EUF-Fraktion im Boden nach 8-wöchiger Inkubation. Mittelwerte mit gleichen Großbuchstaben (Summe beider Fraktionen) bzw. gleichen Kleinbuchstaben (a – c: Fraktion 1; x – z: Fraktion 2) sind nicht signifikant verschieden bei $p \leq 0,05$ (Tukey-Test, 4 Umwelten).*

Die K-Aufnahme der Zuckerrübenpflanzen stieg in den Varianten CaO-4 und CaO-12 jeweils signifikant an und blieb in der CaO-24-Variante auf dem Niveau von CaO-12 (Abb. 5). Der K-Gehalt der Pflanzen blieb durch die Kalkgabe unbeeinflusst und lag im Mittel der Umwelten in allen Varianten bei etwa 19 g (kg TM Pflanze)$^{-1}$ (Abb. 5).

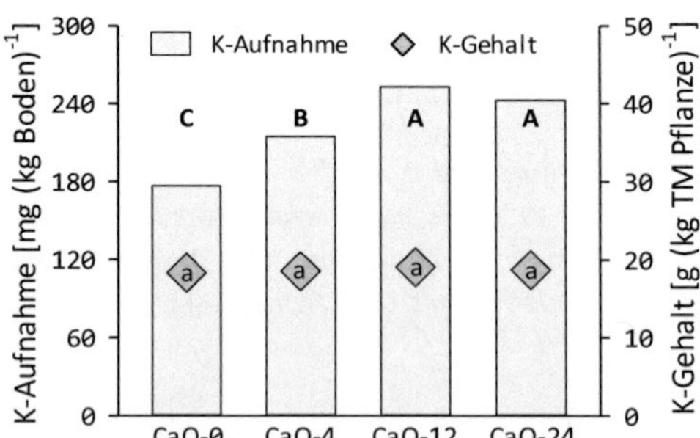

***Abb. 5:** Einfluss einer Kalkung mit äquivalent 0, 4, 12 und 24 t CaO ha^{-1} auf die Kalium- (K-) Aufnahme und den K-Gehalt 8 Wochen alter Zuckerrübenpflanzen im Gefäßversuch. Mittelwerte mit gleichen Großbuchstaben (K-Aufnahme) bzw. gleichen Kleinbuchstaben (K-Gehalt) sind nicht signifikant verschieden bei $p \leq 0,05$ (Tukey-Test, 4 Umwelten).*

3.4 Weitere Makro- und Mikronährstoffe

Die Kalkung beeinflusste auch die Nährstoffgehalte und die Nährstoffaufnahme weiterer Makro- und Mikronährstoffe. Die Mg- und B-Gehalte im Gewebe der Zuckerrübenpflanzen sanken mit zunehmender Kalkgabe ab, die Gehalte von Mangan (Mn) und Kupfer (Cu) stiegen an (Tab. 3). Ein Anstieg der Nährstoffaufnahme durch die Zuckerrübenpflanzen mit zunehmender Kalkgabe war für Ca, Fe, Mn und Cu zu beobachten, ein Rückgang der Aufnahme nur für B. Die EUF-extrahierbaren B-Gehalte des Bodens zeigten im Mittel der Umwelten keinen Einfluss einer Kalkgabe und lagen bei etwa 0,6 mg (kg Boden)$^{-1}$ (Tab. 2).
Der EUF-extrahierbare Mg-Gehalt ging mit steigender Kalkgabe bis zur Variante CaO-12 linear zurück. In der CaO-24-Variante lag der Mg-Gehalt um 75% niedriger als in der unbehandelten Kontrolle. Auch extrahierbares Mg der zweiten EUF-Fraktion ging mit zunehmender Kalkgabe zurück (Tab. 2).
Der EUF-Na-Gehalt des Bodens ging in der ersten EUF-Fraktion in der Variante CaO-24 signifikant zurück und stieg in der zweiten EUF-Fraktion mit zunehmender Kalkgabe an.

Tab. 3: *Einfluss einer Kalkung mit äquivalent 0, 4, 12 und 24 t CaO ha^{-1} auf die Gehalte und die Aufnahme wichtiger Makro- und Mikronährstoffe 8 Wochen alter Zuckerrübenpflanzen im Gefäßversuch. Mittelwerte mit gleichen Großbuchstaben (Gehalt) bzw. Kleinbuchstaben (Aufnahme) innerhalb jeder Zeile sind nicht signifikant verschieden bei $p \leq 0,05$ (Tukey-Test, 4 Umwelten).*

	Gehalt†				Aufnahme‡			
	CaO-0	CaO-4	CaO-12	CaO-24	CaO-0	CaO-4	CaO-12	CaO-24
Ca	$13,9^{A}$	$15,1^{A}$	$15,0^{A}$	$14,6^{A}$	126^{c}	163^{b}	193^{a}	189^{a}
Mg	$7,1^{A}$	$7,0^{AB}$	$6,4^{BC}$	$6,1^{C}$	$67^{\sim}$	$77^{\sim}$	$82^{\sim}$	$78^{\sim}$
Na	$4,5^{A}$	$4,4^{A}$	$3,7^{A}$	$4,1^{A}$	46^{a}	51^{a}	50^{a}	50^{a}
S	$1,8^{\sim}$	$1,8^{\sim}$	$1,3^{\sim}$	$1,8^{\sim}$	$18^{\sim}$	$22^{\sim}$	$17^{\sim}$	$22^{\sim}$
Fe	$0,78^{A}$	$1,43^{A}$	$1,27^{A}$	$1,36^{A}$	$7,54^{b}$	$18,54^{a}$	$16,73^{ab}$	$17,73^{ab}$
Mn	$0,16^{B}$	$0,15^{B}$	$0,15^{B}$	$0,21^{A}$	$1,45^{c}$	$1,71^{bc}$	$1,98^{b}$	$2,66^{a}$
B††	$49,61^{A}$	$36,81^{B}$	$27,61^{C}$	$29,97^{C}$	$0,48^{a}$	$0,42^{b}$	$0,37^{b}$	$0,39^{b}$
Cu††	$7,41^{B}$	$8,57^{AB}$	$10,23^{AB}$	$11,29^{A}$	$0,07^{b}$	$0,11^{ab}$	$0,13^{a}$	$0,14^{a}$
Zn††	$55,50^{A}$	$44,15^{A}$	$73,18^{A}$	$41,57^{A}$	$0,52^{a}$	$0,51^{a}$	$1,08^{a}$	$0,56^{a}$

† Nährstoffgehalt im Pflanzengewebe [g (kg TM Pflanze)$^{-1}$]. †† Nährstoffgehalt [mg (kg TM Pflanze)$^{-1}$]. ‡ Nährstoffaufnahme [mg (kg Boden)$^{-1}$]. ~ Mittelwertvergleich nicht möglich, aufgrund nicht gleichgerichteter Wechselwirkungen zwischen Kalkvariante und Umwelt (nicht gezeigt).

4 Diskussion

4.1 Ertrag

Die Bildung des Faktors Umwelt aus den Einzeleffekten Boden und Versuch ermöglicht keine getrennte Auswertung dieser beiden Effekte. Zwischen den verschiedenen Umwelten war das Ertragsniveau sehr unterschiedlich. Dies kann sowohl durch die drei verschiedenen Böden als auch insbesondere durch von Versuch zu Versuch unterschiedliche

Wachstumsbedingungen im Gewächshaus (Temperatur, Beleuchtung) hervorgerufen worden sein. In den einzelnen Umwelten war der Einfluss des Faktors Kalkung stets gleichgerichtet, es traten keine relevanten Wechselwirkungen zwischen Kalkung und Umwelt auf. Die aufgezeigten Bodeneigenschaften, wie ähnliche Textur, vergleichbare Ausgangs-pH-Werte und geringe Carbonat-Gehalte der drei Böden ließen jedoch auch keine Wechselwirkung, d.h. unterschiedliche Reaktion der Böden auf die Kalkung erwarten.
Der hohe Pflanzenertrag der Zuckerrüben bei pH-Werten des Bodens > 7 deckt sich mit der allgemeinen Beobachtung von *Christenson* und *Draycott* (2006) in den USA und im UK, dass Zuckerrüben am besten bei pH-Werten zwischen 6,5 und 8,0 wachsen. In der vorliegenden Untersuchung stieg der Gesamtpflanzenertrag der Zuckerrüben von pH 6,8 bis pH 8,1 sogar an und blieb bis pH 8,9 konstant.
Die nachfolgende Diskussion zeigt auf, in wieweit die eingangs aufgestellten Hypothesen, dass die Kalkung von neutralen Böden (i) einen Rückgang des extrahierbaren und pflanzenverfügbaren P und B sowie (ii) eine Verminderung des pflanzenverfügbaren K bewirkt, durch die gewonnenen Daten gestützt werden. Ergänzend werden abschließend auch die Effekte einer Kalkung auf die Pflanzenverfügbarkeit weiterer Nährstoffe angesprochen.

4.2 Phosphor

Die gestiegene P-Aufnahme der Pflanzen deutet auf einen Anstieg an pflanzenverfügbarem P mit steigender Kalkgabe hin. Der gestiegene EUF-extrahierbare P-Gehalt unterstützt dies. Ein Rückgang der EUF-P-Gehalte in der ersten EUF-Fraktion, wie in Variante CaO-24 (Abb. 2), ist von carbonathaltigen Böden bekannt (*Appel* und *Horn*, 2010) und vermutlich mit der verminderten Extraktionskraft des Wassers bei hohen pH-Werten bzw. hohen Ca-Gehalten (*Németh*, 1988) oder einer methodisch-technisch bedingten Spannungsverminderung in der EUF-Extraktionszelle aufgrund hoher Leitfähigkeit (*Appel* und *Horn*, 2010; *Pauler* und *Neumann*, 1996) zu erklären. Der Anstieg in der zweiten EUF-Fraktion deutet ferner auf einen Anstieg des nachlieferbaren P hin (*Németh*, 1982).
Die um 83% gestiegene P-Aufnahme der Zuckerrübenpflanzen in der CaO-24-Variante im Vergleich zur Kontrolle resultierte gleichermaßen aus einem Anstieg des Ertrages und des P-Gehaltes im Pflanzengewebe (Abb. 3). Die P-Gehalte aller Varianten lagen niedriger als von *Bergmann* (1993) für gerade voll entwickelte Zuckerrübenblätter beschrieben (0,32 – 0,62% in der TM). Eine Erklärung hierfür ist, dass die sich bildenden, aber nicht getrennt analysierten Rübenkörper einen deutlich geringeren P-Gehalt aufwiesen und in der Gesamtprobe (Mischprobe) den P-Gehalt der Blätter verdünnten. Da die Größe der gebildeten Rübenkörper stark variierte und deren Gewicht nicht separat erfasst wurde, ist ein Rückschluss auf die Blatt-P-Gehalte nicht möglich.

Sowohl der P-Gehalt als auch die P-Aufnahme der Zuckerrübenpflanzen zeigen eine zunehmende Pflanzenverfügbarkeit des P mit steigender Kalkgabe an. Die EUF-Bodenuntersuchung war in der Lage, diesen Anstieg durch steigende EUF-P-Gehalte vorherzusagen. Ein Anstieg an pflanzenverfügbarem P bei pH-Werten von deutlich über 7 steht jedoch im Widerspruch zur allgemeinen Lehrmeinung, da sowohl eine Ca-Zufuhr als auch ein pH-Anstieg die Bildung schwer löslicher und nicht pflanzenverfügbarer Ca-Phosphate erhöhen sollen (*Schachtschabel* und *Heinemann*, 1964; *Scheffer* und *Schachtschabel*, 2010). Demnach steigt die Pflanzenverfügbarkeit von P bis zu einem pH-Wert von 6,0 an und sinkt bei pH-Werten oberhalb von 6,5 (*Gračanin* und *Nêmec*, 1930; *Scheffer* und *Schachtschabel*, 2010) bzw. 7,0 (*Finck*, 1979) wieder ab. Dem entsprechend fanden *Várnai* et al. (1985) infolge der Kalkung eines Bodens mit einem Ausgangs-pH_{KCl}-Wert von 4,2 durch Zugabe von 2,2 g CaO (kg TM Boden)$^{-1}$ einen Anstieg des pH-Wertes auf 6,1 und steigende P-Gehalte im EUF-Extrakt sowie steigende P-Gehalte in Blättern von Reben. Ähnliche Ergebnisse erzielten *Higgins* et al. (2012) bei einem pH-Anstieg von 5,7 auf 6,1. Aber auch auf Böden mit pH-Werten von 7,4 – 7,6 konnten *Wasner* et al. (2001) bei wiederholter Gabe von Carbokalk in Höhe von insgesamt 300 t ha^{-1} innerhalb von fünf Jahren keine Verminderung der P-Extrahierbarkeit (CAL) und des pflanzenverfügbaren P (Weizen-P-Gehalt) feststellen. Möglicherweise war dieser Effekt aber auch zumindest teilweise durch den im Carbokalk enthaltenen P bedingt. *Fischer* et al. (2013) fanden in Feldversuchen bei einer Kalkgabe von 3 bzw. 12 t CaO ha^{-1} (P-frei) ebenfalls einen Anstieg des EUF-extrahierbaren P-Gehaltes im Boden, allerdings nur in der zweiten EUF-Fraktion. Der P-Entzug der Zuckerrüben zeigte entgegen der Ergebnisse unserer Studie keinen Einfluss einer Kalkung bei einer Gabe von 3 t CaO ha^{-1}.

Zusammenfassend ist festzuhalten, dass die einleitend beschriebene P-Festlegung und der erwartete Rückgang des pflanzenverfügbaren und extrahierbaren P bei hohen Kalkgaben bzw. hohen pH-Werten des Bodens durch die hier vorliegende Studie nicht bestätigt wurde. Vielmehr weist der Anstieg des EUF-extrahierbaren und pflanzenverfügbaren P aufgrund der pH-Anhebung infolge der Kalkung auf eine Mobilisierung von offensichtlich bei pH 6,8 (Kontrolle) noch vorhandenen Fe- und Al-Phosphaten hin, die eine gegebenenfalls parallel ablaufende Bildung von Ca-Phosphaten überlagert. Weitere Untersuchungen hinsichtlich der verschiedenen P-Bindungsformen im Boden (P-Fraktionierung) sind nötig, um den Einfluss einer Kalkung auf die P-Dynamik im Boden weitergehend und mit Blick auf die verschiedenen P-Fraktionen und deren Pflanzenverfügbarkeit zu klären.

4.3 Kalium

Der Anstieg an EUF-extrahierbarem K in der Summe beider Fraktionen bei einer Kalkung äquivalent 4 bzw. 12 t ha^{-1} war mit 1 – 2 mg (100 g Boden)$^{-1}$ nur gering und beruhte ausschließlich auf einem Anstieg der K-Gehalte in der zweiten EUF-Fraktion (Abb. 4). Der zugleich lineare Rückgang des K-Gehaltes in der ersten EUF-Fraktion deutet auf eine Verschiebung des K aus der Bodenlösung bzw. dem leicht austauschbaren K zu dem stärker gebundenen K der nachlieferbaren Fraktion hin (*Németh*, 1985; *Rubio* und *Gil-Sotres*, 1996). Da die zweite EUF-Fraktion hauptsächlich aus selektiv sorbiertem Kalium der Ton-Zwischenschichten gebildet wird (*Németh*, 1976; *Németh* und *Ziegler*, 1988), kann die Tonmineralogie möglicherweise einen Erklärungsansatz hierfür liefern. Neben bodenchemischen Reaktionen können methodisch-technische Vorgänge, wie eine steuerungsbedingte Verminderung der Spannung in der EUF-Extraktionszelle aufgrund erhöhter Leitfähigkeit den Rückgang des EUF-K-Gehaltes in der ersten Fraktion verursachen. So zeigte die EUF-Untersuchung schwerer, carbonathaltiger Böden eine verminderte K-Extraktion in der ersten EUF-Fraktion, welche auf die Zersetzung von Carbonaten und einen starken Anstieg der elektrischen Leitfähigkeit zurückgeführt wurde (*Pauler* und *Neumann*, 1996). Allerdings hätte eine Spannungsverminderung aufgrund erhöhter Leitfähigkeit in der EUF-Extraktionszelle auch eine Minderextraktion anderer Nährstoffe in der ersten Fraktion zur Folge haben müssen. Dies war in der vorliegenden Untersuchung nur bei den Kationen Na und Mg, nicht aber bei P, mit Ausnahme der Variante CaO-24, der Fall. Zudem zeigte der EUF-Mg-Gehalt der zweiten Fraktion entgegen der K- und Na-Gehalte keinen Anstieg (Tab. 2), wie es bei einer technisch bedingten Minderextraktion in der ersten Fraktion zu erwarten wäre. Für eine detaillierte Auswertung des Effektes einer Spannungsverminderung in der EUF-Extraktionszelle müsste während der Extraktion die Leitfähigkeit in der Suspension gemessen und aufgezeichnet werden. Diese Daten liegen zu den in dieser Studie untersuchten Böden nicht vor.

Auch *Várnai* et al. (1985) fanden nach einer Kalkung einen Rückgang des EUF-extrahierbaren K in der ersten Fraktion, jedoch keinen Einfluss auf die zweite Fraktion. Dementgegen fanden *Fischer* et al. (2013) bei einer Kalkung von 12 t CaO ha^{-1} im Feld einen Anstieg des EUF-K-Gehaltes nur in der zweiten Fraktion, wohingegen der K-Gehalt in der ersten EUF-Fraktion unverändert blieb. Bei einer Mehlich-3-Extraktion verschiedener kanadischer Böden blieb der K-Gehalt des Bodens von einer Kalkung unbeeinflusst (*Simard* et al., 1994). Ebenso konnten *Hartikainen* (1985) und *Higgins* et al. (2012) beim Ammoniumacetat- bzw. Bariumchlorid-austauschbaren K, welches als äquivalent zum EUF-K der ersten Fraktion angesehen werden kann (*Németh*, 1985), keinen Effekt steigender Kalkgaben feststellen. Dementgegen fanden *Ernani* et al. (2012) eine erhöhte Sorption, vermutlich aufgrund einer gestiegenen Kationenaustauschkapazität, und damit verbunden eine geringere Verlagerung von K infolge der Kalkung eines sauren brasilianischen Bodens. Ob auch bei der Kalkung von neutralen Böden eine erhöhte Sorption infolge des pH-Anstiegs

zum Rückgang der EUF-K-Gehalte in der ersten Fraktion führen kann, sollte durch die Bestimmung der Austauscherbelegung in den gekalkten Böden untersucht werden.
Der Anstieg der K-Aufnahme der Zuckerrübenpflanzen basierte ausschließlich auf dem Ertragsanstieg (Tab. 2), da der K-Gehalt der Pflanzen in allen Varianten auf gleichem Niveau bei etwa 19 g (kg TM Pflanze)$^{-1}$ (Abb. 5) lag. Ein Anstieg der K-Aufnahme ausschließlich hervorgerufen durch einen Ertragsanstieg weist nicht zwangsläufig auf einen Anstieg der Pflanzenverfügbarkeit von K hin, zumal die extrahierbaren K-Gehalte in der ersten EUF-Fraktion (leicht extrahierbar) zurückgingen. Vielmehr wird deutlich, dass durch adäquate K-Nachlieferung das von den Pflanzen aus der Bodenlösung entzogene K aufgefüllt wurde und es nicht zu einem Absinken der K-Konzentration im Pflanzengewebe durch einen ertragsbedingten Verdünnungseffekt kam. Ein Anstieg des pflanzenverfügbaren K hätte sich sowohl im Anstieg der K-Gehalte als auch der K-Aufnahme zeigen müssen, so wie es bei den Zuckerrübenpflanzen einer gedüngten CaO-0-Variante mit P-K-Mg-S-Flüssigdüngung der Fall war (nicht gezeigt).
Ein Rückgang der K-Versorgung der Pflanzen infolge einer gestiegenen Ca-Aktivität in der Bodenlösung (Ca-K-Antagonismus), wie unter anderem von *Ehrenberg* (1919) und *Burström* (1934) beschrieben, trat nicht auf. Daraus lässt sich schließen, dass keine Konkurrenz zwischen Ca- und K-Ionen an der Pflanzenwurzel vorgelegen hat. Auch *Pabian* et al. (2012) konnte keinen Einfluss einer jährlich wiederholten Kalkung auf den K-Gehalt verschiedener Waldvegetation feststellen. Die Ergebnisse von *Poozesh* et al. (2010) stimmen mit den in unserer Studie beschriebenen Ergebnissen überein. Sie fanden keinen Einfluss einer Kalkgabe auf den K-Gehalt von Gräsern im Gefäßversuch. *Fischer* et al. (2013) zeigten in Feldversuchen, dass eine Kalkung mit 3 t CaO ha^{-1} weder einen Einfluss auf den K-Gehalt von Rübe bzw. Blatt noch auf den K-Entzug von Zuckerrüben hatte.
Im Vergleich zu den empfohlenen K-Gehalten im Zuckerrübenblatt (3,5 - 6,6% in der TM, *Bergmann*, 1993) lagen in unserer Studie die Gehalte aller Varianten deutlich niedriger (1,9%). Dennoch traten keinerlei K-Mangelsymptome in einzelnen Varianten auf. Dies spricht für eine ausreichende Kaliumversorgung der Pflanzen. Die große Differenz zwischen den von *Bergmann* (1993) genannten, für Zuckerrübenblatt optimalen K-Gehalten und denen im Versuch erklärt sich ebenso wie bei P (vgl. P, 4.2) durch die Mischprobe aus Rübe und Blatt (Gesamtpflanze). Da insbesondere die K-Gehalte in den Blättern der Zuckerrüben sehr hoch und im Rübenkörper relativ niedrig sind, kam es in der Mischprobe zu einer besonders starken Verdünnung der Blatt-K-Gehalte. Die Werte von *Bergmann* (1993) beziehen sich aber ausdrücklich nur auf die Blattspreiten gerade voll entwickelter Blätter Ende Juni.
Zusammenfassend muss die eingangs formulierte Hypothese, dass die Pflanzenverfügbarkeit von K durch eine Kalkung zurückgeht, abgelehnt werden. Weder der K-Gehalt noch die K-Aufnahme der Zuckerrübenpflanzen konnten dies bestätigen. Der

geringe Anstieg des EUF-extrahierbaren K infolge der Kalkung ist kaum relevant. Dennoch sollte dem Effekt der K-Verschiebung von der ersten in die zweite EUF-Fraktion in weiteren Untersuchungen nachgegangen werden.

4.4 Weitere Makro- und Mikronährstoffe

Die Gehalte weiterer untersuchter Makro- und der Mikronährstoffe (Tab. 3) lagen im von *Bergmann* (1993) angegebenen Bereich. Die häufig beschriebene Mangelversorgung mit Mikronährstoffen aufgrund von Festlegung bei pH-Werten > 7 (*Finck*, 1979; *Scheffer* und *Schachtschabel*, 2010) trat nicht auf, Mangelsymptome an den Zuckerrübenpflanzen wurden nicht beobachtet.

Beim Makronährstoff Mg war ein Rückgang des Gehaltes bei annähernd gleichbleibender Aufnahme zu beobachten. Hierbei handelt es sich vermutlich um einen Verdünnungseffekt aufgrund des Ertragsanstieges. Auffällig und in weiteren Untersuchungen zu klären ist, warum der EUF-Mg-Gehalt des Bodens (Tab. 2) mit steigender Kalkgabe stark zurückging. Von einem derart starken Rückgang der Pflanzenverfügbarkeit des Mg ist aufgrund der etwa konstanten Mg-Aufnahme der Zuckerrübenpflanzen nicht auszugehen. Auch die mehrfach geschilderte Spannungsverminderung bei der Extraktion käme als methodisch-technische Ursache nur in der Variante CaO-24 in Betracht, da sowohl die EUF-P-Gehalte in den anderen Varianten in der ersten Fraktion nicht sanken als auch der EUF-Mg-Gehalt in der zweiten EUF-Fraktion nicht anstieg. Denkbar wäre eventuell auch eine Ausfällung des Mg bei hohem pH-Wert zu schwer löslichem und damit nicht extrahierbarem Mg-Hydroxid.

Von den Mikronährstoffen sind vor allem B und Mn hervorzuheben. Mit zunehmender Kalkgabe sank der B-Gehalt der Pflanzen bis unter den von *Bergmann* (1993) als optimal ausgewiesenen Bereich (31 – 100 ppm). Dabei war der Rückgang im Gehalt überproportional zum Ertragsanstieg, entsprechend ging auch die B-Aufnahme aufgrund der Kalkung zurück. Der Rückgang pflanzenverfügbaren B wurde durch die EUF-B-Gehalte des Bodens nicht bestätigt, da diese keinen Effekt der Kalkung zeigten.

Ein Rückgang der Pflanzenverfügbarkeit von B mit steigendem pH-Wert bzw. hohen Kalkgaben wurde von *Finck* (1979) und *Mengel* (1984) beschrieben. Auch *Bergmann* (1993) bestätigt sinkende B-Gehalte in Pflanzen bei pH-Werten > 6,3. In Rohrschwingel (*Peterson* und *Newman*, 1976) bzw. in Luzerne (*Wear* und *Patterson*, 1962) sanken die B-Gehalte bei pH_{KCl} 7,4 bzw. pH_{KCl} 7,0 im Vergleich zur Kontrolle (pH 4,7 bzw. 5,0). Besonders Zuckerrüben reagieren empfindlich auf B-Mangel, der meist in Verbindung mit Trockenheit auftritt und charakteristisch als Herz- und Trockenfäule zu diagnostizieren ist (*Brandenburg*, 1931). Ursächlich hierfür kann die Bildung und starke Adsorption von $B(OH)_4^-$ Ionen an Fe- und Al-Oxiden sowie an Tonmineralen bei pH-Werten > 6 sein, wodurch die B-Konzentration der Bodenlösung erheblich zurückgehen soll (*Scheffer* und *Schachtschabel*, 2010). Sollte die

Pflanzenverfügbarkeit des B in unserer Studie tatsächlich zurückgegangen sein, stellt sich die Frage, warum die EUF-Bodenuntersuchung dies nicht anzeigte. *Wiklicky* (1982) fand einen engen Zusammenhang zwischen EUF-extrahierbarem B und den B-Gehalten in Zuckerrübenblättern. Auch *Smilde* (1970) konnte eine enge Beziehung zwischen heißwasserlöslichem B und den B-Gehalten in Rübenblatt bei pH-Werten zwischen 3,8 und 6,5 aufzeigen. Dem entgegen fanden weder *Wear* und *Patterson* (1962) noch *Peterson* und *Newman* (1976) einen Rückgang des Heißwasser-extrahierbaren B im Boden bei pH_{KCl}-Werten von 7 bzw. 7,4, wohingegen die Testpflanzen dies hätten erwarten lassen (s.o.). *Horn* (2012) zeigte an EUF-Bodenuntersuchungen von mehr als 165.000 Standorten sogar einen Anstieg der EUF-B-Gehalte mit steigendem Ca-Gehalt in der zweiten EUF-Fraktion. Dies lässt weiterhin vermuten, dass applizierter Kalk und geogen vorhandenes Carbonat im Boden die Pflanzenverfügbarkeit bzw. die Extrahierbarkeit von B unterschiedlich beeinflussen. Es gibt zwar zahlreiche Untersuchungen zum pflanzenverfügbaren B mittels diverser Testpflanzen und zur B-Extrahierbarkeit aus unterschiedlichsten Böden, eindeutige Zusammenhänge hinsichtlich der B-Dynamik im System Boden-Pflanze lassen sich bisher jedoch nicht ableiten. Die eingangs formulierte Hypothese konnte nur teilweise bestätigt werden, da in der vorliegenden Untersuchung die B-Aufnahme und der B-Gehalt der Zuckerrübenpflanzen zwar einen Rückgang der Pflanzenverfügbarkeit des B infolge der Kalkung neutraler Böden zeigten, die Extrahierbarkeit des B aber unbeeinflusst blieb.

Entgegengesetzt zum B verhielten sich Mn-Gehalt und Mn-Aufnahme. Hier stiegen der Mn-Gehalt in den Pflanzen in der höchsten Kalkstufe und die Mn-Aufnahme mit zunehmender Kalkgabe, ähnlich wie bei P an. Von einem Anstieg pflanzenverfügbaren Mn mit steigendem pH-Wert ist aber nicht auszugehen, da die Mn-Löslichkeit um das 100-fache sinkt, wenn der pH-Wert um eine Einheit steigt (*Lindsay*, 1972; *Scheffer* und *Schachtschabel*, 2010). Entsprechend fanden *Várnai* et al. (1985) eine Abnahme der Mn-Gehalte in den Blättern von Reben, ebenso wie einen Rückgang des EUF-extrahierbaren Mn infolge einer Kalkdüngung. Der von *Christenson* und *Draycott* (2006) auf neutralen und schwach alkalischen Böden als häufig beschriebene Mn-Mangel an Zuckerrüben konnte nicht belegt werden. Um eindeutige Aussagen zum pflanzenverfügbaren Mn treffen zu können, sollten die Pflanzengehalte bzw. -aufnahmen der vorliegenden Studie unter Zuhilfenahme der Bodenuntersuchung hinterfragt werden. Abschließend ist festzuhalten, dass auch die Zufuhr von Mn mit der Kalkung nicht auszuschließen ist, da Mn auch als $MnCO_3$ (*Scheffer* und *Schachtschabel*, 2010) bzw. nach dem Brennen des Kalkes als Mn-Oxid vorliegen kann. Allerdings liegen hierzu keine Analysenwerte vor.

5 Schlussfolgerungen und Ausblick

Entgegen des erwarteten Rückgangs des pflanzenverfügbaren und extrahierbaren P infolge einer Kalkung neutraler Böden durch P-Festlegung, war in dieser Studie sowohl ein Anstieg an pflanzenverfügbarem P als auch ein Anstieg der extrahierbaren P-Gehalte mit steigendem pH-Wert festzustellen. Eine Fraktionierung des Boden-P wird Aufschluss über den Einfluss einer Kalkung auf den Anteil und eventuell die Pflanzenverfügbarkeit der verschiedenen P-Verbindungen, insbesondere der Fe-/Al-Phosphate und Ca-Phosphate im Boden bringen.

Weiterhin wurde weder das EUF-extrahierbare noch auf das pflanzenverfügbare K wesentlich durch eine Kalkung beeinflusst.

Es konnte aber ein Rückgang der Extrahierbarkeit der Nährstoffe durch Kalkgaben äquivalent 24 t CaO ha^{-1} festgestellt werden.

Aufgrund der steigenden Pflanzenverfügbarkeit von P und insbesondere aufgrund des Anstiegs des EUF-P-Gehaltes um 25% infolge einer durchaus praxisüblichen Kalkung von 4 t CaO ha^{-1} könnte eine Optimierung der EUF-Düngeempfehlung bei P durch die Berücksichtigung einer empfohlenen Kalkgabe bei der P-Bedarfs-Berechnung erzielt werden. Dementgegen bedarf die K-Empfehlung aufgrund des geringen Einflusses von 4 t CaO ha^{-1} auf den EUF-K-Gehalt (+ 8%) nicht der Berücksichtigung einer Kalkempfehlung in der EUF-Düngebedarfsermittlung. Allerdings müssen diese, aus Modellversuchen stammenden Ergebnisse zunächst in Feldversuchen validiert werden.

Danksagung

Die Finanzierung des Projektes erfolgte durch die EUF-Arbeitsgemeinschaft zur Förderung der Bodenfruchtbarkeit und Bodengesundheit, die Bodengesundheitsdienst GmbH, die Südzucker AG Mannheim/Ochsenfurt und die K+S KALI GmbH.

Für ihre Unterstützung bei der Durchführung der Versuche und den zahlreichen Analysen sei den Technikerinnen und Technikern der Abteilung Pflanzenbau des IfZ und insbesondere Ines Wiese ganz herzlich gedankt.

Literatur

Appel, T.; Horn, C. (2010): Bodenfingerprints bei der Elektro-Ultrafiltration (EUF) zur Optimierung von Düngeempfehlungen. Abschlussbericht, Fachhochschule Bingen

Bergmann, W. (1993): Ernährungsstörungen bei Kulturpflanzen: Entstehung, visuelle und analytische Diagnose. Fischer Verl., Jena [u.a.]

BMELV (2012): Charta für Landwirtschaft und Verbraucher. Bundesministerium für Ernährung, Landwirtschaft und Verbraucherschutz, Berlin

Brandenburg, E. (1931): Die Herz- und Trockenfäule der Rüben als Bormangel-Erscheinung. Phytopath. Z. 3, 499–517

Burström, H. (1934): Über antagonistische Erscheinungen bei der Kationenaufnahme des Hafers. Dissertation, Universität Stockholm

Christenson, D. R.; Draycott, A. P. (2006): Nutrition – Phosphorus, Sulphur, Potassium, Sodium, Calcium, Magnesium and Micronutrients – Liming and Nutrient Deficiencies, in: Sugar Beet. Hrsg. *Draycott, A. P.*, Blackwell Pub, Oxford; Ames, Iowa, 185–220

Claassen, N.; Jungk, A. (1984): Bedeutung von Kaliumaufnahmerate, Wurzelwachstum und Wurzelhaaren für das Kaliumaneignungsvermögen verschiedener Pflanzenarten. Z. Pflanzenern. Bodenk. 147, 276–289

DESTATIS (2013): Preisindizes für die Land- und Forstwirtschaft. Statistisches Bundesamt, Wiesbaden

Ehrenberg, P. (1919): Das Kalk-Kali-Gesetz: neue Ratschläge zur Vermeidung von Mißerfolgen bei der Kalkdüngung; gleichzeitig ein Versuch zur Aufklärung der nachteiligen Wirkung größerer Kalkgaben auf das Pflanzenwachstum. Verl. Parey, Berlin

Ernani, P. R.; Mantovani, A.; Scheidt, F. R.; Nesi, C. (2012): Liming Decreases the Vertical Mobility of Potassium in Acidic Soils. Commun. Soil Sci. Plan. 43, 2544–2549

Finck, A. (1979): Dünger und Düngung: Grundlagen und Anleitung zur Düngung der Kulturpflanzen. Verl. Chemie, Weinheim

Fischer, S.; Bürcky, K.; Koch, H.-J.; Märländer, B. (2013): Einfluss einer Kalkung auf EUF-extrahierbares Phosphor und Kalium im Boden sowie auf Nährstoffentzug, Ertrag und Qualität von Zuckerrüben bei differenzierter Kaliumdüngung in Feldversuchen. Sugar Industry /Zuckerind. 138, Sonderheft 11. Göttinger Zuckerrübentagung, 29–38

Gračanin, M.; Nêmec, A. (1930): Über die Wirkung des Kalkes auf die Wurzellöslichkeit von Phosphorsäure und Kali in den Ackerböden. Z. Pflanzenern., Düng., Bodenk. 9, 126–131

Hartikainen, H. (1985): Response of acid sulphate soils to different liming treatments II. Exchangeability of soil cations. Z. Pflanzenern. Bodenk. 148, 519–526

Higgins, S.; Morrison, S.; Watson, C. J. (2012): Effect of annual applications of pelletized dolomitic lime on soil chemical properties and grass productivity. Soil Use Manage. 28, 62–69

Horn, D. (2012): persönliche Mitteilung

Kerschberger, M.; Preusker, T. (2012): Bodenreaktion im Maisanbau: Mehr Verluste auf besseren Böden. Neue Landw. 12, 38–39

Kerschberger, M.; Schütze, F. (2012): Kalkung im Ackerbau: Für Boden und Pflanze. Neue Landw. 12, 32–34

Lindsay, W. L. (1972): Inorganic phase equilibria of micronutrients in soils, in: Micronutrients in Agriculture. Hrsg. *Mortvedt, J. J.; Giordano, P. M.; Lindsay, W. L.*, Soil Sci. Soc. Am., Madison, WI, 41–57

Littell, R. C.; Milliken, G. A.; Stroup, W. W.; Wolfinger, R. (1996): SAS system for mixed models. SAS Institute Inc., Cary, N.C

Mengel, K. (1984): Ernährung und Stoffwechsel der Pflanze. Fischer Verl., Stuttgart

Molitor, H. (2013): persönliche Mitteilung

Murphy, J.; Riley, J. P. (1962): A modified single solution method for the determination of phosphate in natural waters. Anal. Chim. Acta 27, 31–36

Németh, K. (1976): Die effektive und potentielle Nährstoffverfügbarkeit im Boden und ihre Bestimmung mit Elektro-Ultrafiltration (EUF). Habilitationsschrift, Gießen

Németh, K. (1982): Electro-ultrafiltration of aqueous soil suspension with simultaneously varying temperature and voltage. Plant Soil 64, 7–23

Németh, K. (1985): Recent advances in EUF research (1980–1983). Plant Soil 83, 1–19

Németh, K. (1988): Wissenschaftliche Grundlagen der EUF-Phosphor-Bestimmung und Phosphor-Empfehlungen, in: Kostensenkung und Umweltschutz, 3. Intern. EUF-Symposium. Süddeutsche Zucker-AG, Mannheim, 47–70

Németh, K.; Ziegler, K. (1988): Beziehungen zwischen den EUF-K-Fraktionen und den nach herkömmlichen Methoden gewonnenen K-Mengen und ihre Bedeutung für die Beurteilung der K-Versorgung des Bodens, in: Kostensenkung und Umweltschutz, 3. Intern. EUF-Symposium. Süddeutsche Zucker-AG, Mannheim, 47–70

Pabian, S. E.; Ermer, N. M.; Tzilkowski, W. M.; Brittingham, M. C. (2012): Effects of Liming on Forage Availability and Nutrient Content in a Forest Impacted by Acid Rain. PLOS ONE 7, e39755, doi: 10.1371/journal.pone.0039755

Pauler, B.; Neumann, K.-H. (1996): Modelluntersuchungen zur K-Freisetzung aus Böden mit höherer elektrischer Leitfähigkeit durch die Elektro-Ultrafiltration (EUF). Z. Pflanzenern. Bodenk. 159, 391–397

Peterson, L. A.; Newman, R. C. (1976): Influence of Soil pH on the Availability of Added Boron. Soil Sci. Soc. Am. J. 40, 280–282

Poozesh, V.; Castillon, P.; Cruz, P.; Bertoni, G. (2010): Re-evaluation of the liming-fertilization interaction in grasslands on poor and acid soils. Grass Forage Sci. 65, 260–272

Rubio, B.; Gil-Sotres, F. (1996): Determination of K forms in K-fertilized soils by electro-ultrafiltration. Plant Soil 180, 303–310

Saxton, A. (1998): A macro for converting mean separation output to letter groupings in Proc Mixed. Proceedings of the 23rd SAS Users Group Intern. 1243–1246

Schachtschabel, P.; Heinemann, G. (1964): Beziehungen zwischen P-Bindungsart und pH-Wert bei Lößböden. Z. Pflanzenern., Düng., Bodenk. 105, 1–13

Scheffer, F.; Schachtschabel, P. (2010): Lehrbuch der Bodenkunde. Spektrum, Akad. Verl., Heidelberg, Berlin

Simard, R. R.; Lapierre, C.; Tran, T. S. (1994): Effects of tillage, lime, and phosphorus on soil pH and mehlich-3 extractable nutrients. Commun. Soil Sci. Plan. 25, 1801–1815

Smilde, K. W. (1970): Soil analysis as a basis for boron fertilization of sugar beets. Z. Pflanzenern. Bodenk. 125, 130–143

Vármai, M.; Eifert, J.; Szöke, L. (1985): Effect of liming on EUF-nutrient fractions in the soil, on nutrient contents of grape leaves and on grape yield. Plant Soil 83, 55–63

VDLUFA (1991): Bestimmung des pH-Wertes A 5.1.1, in VDLUFA Methodenbuch Band 1: Die Untersuchung von Böden. VDLUFA-Verl., Darmstadt

VDLUFA (2002): Bestimmung der durch Elektro-Ultrafiltration lösbaren Anteile von Phosphor, Kalium, Calcium, Magnesium, Natrium, Schwefel und Bor, A 6.4.2, in VDLUFA Methodenbuch Band 1: Die Untersuchung von Böden. VDLUFA-Verl., Darmstadt

Wasner, J.; Liebhard, P.; Eigner, H. (2001): Application of carbonation lime on high pH soils in the Pannonian region of Austria. Zuckerind. 126, 194–201

Wear, J. I.; Patterson, R. M. (1962): Effect of Soil pH and Texture on the Availability of Water-Soluble Boron in the Soil. Soil Sci. Soc. Am. J. 26, 344–346

Wiklicky, L. (1982): Application of the EUF procedure in sugar beet cultivation. Plant Soil 64, 115–127

Wilke, B.-M. (2005): Water-Holding Capacity, in: Manual for soil analysis: monitoring and assessing soil bioremediation. Hrsg. *Margesin, R.; Schinner, F.*, Springer, Berlin, New York, 47–49

Wunderer, W.; Fardossi, A.; Baumgarten, A.; Bauer, K. (2003): Richtlinien für die sachgerechte Düngung im Weinbau: Anleitung zur Interpretation von Boden- und Blattuntersuchungen. AGES, Wien

III Artikel 2 – Effect of calcium addition and pH increase on electro-ultrafiltration (EUF) extractable and sugar beet plant available phosphate on loessial soils

Holger Lemme, Heinz-Josef Koch, Dietmar Horn, Bernward Märländer

Abstract

In Europe, sugar beet (*Beta vulgaris* L.) is frequently grown on loessial soils at pH_{CaCl2} 6.5-7 but low in Ca content. Liming such soils can increase the soil pH above the range of maximum P availability (pH 6-7). Thus it was hypothesized that both, extractable and plant available P decreases after lime application. Our study aimed to examine the effect of Ca addition and pH increase, each separately and in combination.

In incubation experiments, burnt lime (CaO) and calcium sulfate ($CaSO_4$) as hemihydrate were added to loessial topsoils (pH_{CaCl2} 6.7-7.1, low Ca content) in three doses; sodium hydroxide (NaOH) was given in low dose. The soils were incubated for eight weeks (12 °C; 40% water-holding capacity), subsequently analyzed by electro-ultrafiltration (EUF) and used as substrate to grow sugar beet in pot experiments. The plant material was harvested after eight weeks, dry matter yield and P content were determined, the P uptake was calculated.

Liming increased EUF extractable P (low, medium dose: +22%) and P uptake (highest dose: +120%). NaOH application substantially increased P extractability (+78%) and uptake (+128%). $CaSO_4$ application reduced EUF extractable P (-21%), but not the P uptake of sugar beet plants.

Our results indicate that the pH increase from 7 up to >8 due to liming caused an increase of P extractability and plant availability. Calcium addition obviously did not foster the formation of low plant available Ca-bound phosphates.

Keywords: soil analysis; plant nutrient uptake; burnt lime; gypsum

1 Introduction

Liming is an important agronomical measure to maintain the fertility of arable soils under humid climate. It is mandatory on soils with poor carbonate content to counteract natural acidification of the soil and leaching of Ca^{2+} ions to maintain soil structure (*Mengel*, 1984; *Scheffer* and *Schachtschabel*, 2010). Regarding the P dynamics, liming is known to affect extractable and plant available P. Raising the pH promotes the solution of Fe- and Al-phosphates, and the desorption of P adsorbed to Fe- and Al-oxides (*Haynes,* 1982). Contrastingly, increasing the Ca content of the soil is known to decrease the P concentration in the soil solution due to precipitation of P as Ca-phosphate (*Haynes,* 1982; *Sanchez* and *Uehara,* 1980). Similarly, *Zhu* and *Alva* (1994) observed a reduction of P transportability in column experiments with Ca application as gypsum, which they attributed to the precipitation of Ca-P. Moreover, results obtained by *Barrow* (1984) suggested an increasing adsorption of P, especially at high pH in an calcium dominated environment. Thus, the solubility and the desorption of Ca-P decreases with increasing pH (*Barrow,* 1984; *Haynes,* 1982).

Liming increases both, the soil pH and Ca content. As a result of the described P dynamics, the P availability in most Central European soils is known to be highest in a pH_{CaCl2} range from 6.0–6.5 (*Scheffer* and *Schachtschabel*, 2010), or 5.5 – 7.0 (*Finck*, 1979) on a wide range of soil types. Consistently, *Schachtschabel* and *Heinemann* (1964) reported that in loessial soils at pH-values > 6.5 soil P increasingly occurs as less soluble Ca-P.

In Central Europe, sugar beets are frequently grown on loessial soils at pH 6.5 – 7. Despite a pH close to 7, such soils can be low in Ca content so that liming is an essential measure to counteract soil structure degradation, and slaking and crusting of the soil surface (*Schachtschabel* and *Hartge*, 1958; *Scheffer* and *Schachtschabel*, 2010). Simultaneously, lime application is likely to increase the soil pH above the expected range of maximum P availability; however, it is neither known if the hypothesized effect of decreasing P availability occurs in principal nor has it been quantitatively described for such conditions.

Physico-chemical soil extraction methods aim to determine the content of plant available nutrients; however both, extractable and plant available nutrient contents of soils can widely differ depending on the extraction method applied (*Leppin*, 2007) and the crop specific potential for nutrient acquisition (*Claassen* and *Jungk*, 1984). A measure for the nutrient acquisition of plants is the nutrient content in the plant tissue (*Claassen* and *Jungk* 1984), and the plant nutrient uptake calculated from plant yield and nutrient content, thereby indicating the plant availability for a specific nutrient. Regarding P, sugar beet and rape seed were reported to have a high acquisition potential compared to crops such as sunflower or pigeon pea (*Leppin*, 2007). The effect of lime on plant available P was mostly investigated on acid soils, using grape, alfalfa, soybean and grass as test crops (*Higgins* et al., 2012; *Moreira* and *Fageria*, 2010; *Várnai* et al., 1985; *Viviani* et al., 2010). However, for sugar beet, which is predominantly grown on soils with neutral pH, the effect of liming on plant available P was not investigated so far.

The soil analysis method of electro-ultrafiltration (EUF) as described by *Németh* (1979; 1976) determines two nutrient fractions differing in plant availability (*Németh*, 1985). For this purpose, the parameters temperature, voltage and amperage are varied during the extraction procedure. The EUF method allows to differentiate between soils with low Ca content and calcareous soils. Depending on the extractable Ca content in the second EUF fraction

(< 40 mg (100 g soil)$^{-1}$), the EUF fertilizer recommendation advises a distinct amount of lime to be applied (*Németh* et al., 1989).

Our study aimed to examine the effect of lime application on loessial soils at pH close to 7 and low in Ca content on EUF extractable and plant available P. We hypothesized that both, extractable and plant available P decreases after application of lime to the soil in increasing doses. To elucidate the underlying cause-and-effect mechanisms, we investigated the two effects of liming, Ca addition and pH increase, separately and in combination. For this purpose, Ca was added as calcium sulfate ($CaSO_4$) to the soil, and sodium hydroxide (NaOH) was given to raise the pH; lime application combined both effects. The amended soils were incubated in a controlled environment and subsequently used for pot experiments with sugar beets in the greenhouse. Perspectively, a reliable quantification of liming effects on the EUF-P in the field would allow to improve the EUF fertilizer recommendation.

2 Material and methods

2.1 Incubation and greenhouse experiments

In 2011 and 2012 three incubation experiments with loessial topsoil from arable fields near Erfurt, Göttingen and Ochsenfurt (Central and Southern Germany) were conducted. The soils were analyzed immediately after incubation and used as substrate for pot experiments with sugar beet (*Beta vulgaris* L.) in the greenhouse. In the first and second experiment, soil from Erfurt was used, while the third experiment was carried out with the two soils Göttingen and Ochsenfurt.

The clay content of the soils ranged from about 25% (Erfurt) – 14% (Göttingen; Tab. 1). The humus content (about 2.0 – 2.6%) and the pH (6.7 – 7.1) differed slightly between the three soils. The soils were selected because of their low carbonate content and a low EUF-Ca content of the second EUF-fraction. The EUF-P content of the soils Erfurt and Göttingen was about 5 mg (100 g)$^{-1}$, whereas EUF-P in the soil Ochsenfurt was 1.7 mg (100 g)$^{-1}$.

Table 1: *Texture, chemical properties and total EUF-phosphate- (P_{EUF}) and -potassium- (K_{EUF}) content and EUF-calcium-content in the second fraction (Ca_{EUF-F2}) of the soils Erfurt, Göttingen and Ochsenfurt.*

	Erfurt	Göttingen	Ochsenfurt
Silt [%]	70.5	80.8	80.1
Clay [%]	25.3	13.5	19.0
Humus [%]	2.6	2.2	2.0
$CaCO_3$ [%]	0.1	0.2	0.1
pH [ ]	6.7	6.7	7.1
CEC_{pot} §	18.6	13.3	14.3
Ca_{EUF-F2} #	18.0	18.9	18.6
P_{EUF} #	5.0	4.7	1.7
K_{EUF} #	28.2	11.1	9.6

§ potential cation exchange capacity [cmol (kg soil)$^{-1}$]; # EUF contents [mg (100 g soil)$^{-1}$]

After sampling from the field, the soils were air dried and sieved (< 5 mm) for storage. Before incubation, each soil was mixed with one of the additives burnt lime (92% CaO), calcium sulfate hemihydrate (β $CaSO_4 \cdot 0.5\ H_2O$) or sodium hydroxide (NaOH). Moreover, each experiment included an untreated control. The amounts of CaO and $CaSO_4$ were increased in the three doses low, medium and high, at which the low dose was calculated to be equivalent to a lime dose in the field of 4 t ha^{-1} incorporated to 22 cm soil depth. Sodium hydroxide was given only in low dose because higher doses were proven to severely inhibit plant growth in preliminary tests. In each dose, the amounts of Ca^{2+} ions (CaO and $CaSO_4$) and OH^- ions (CaO and NaOH) applied were stoichiometrically equivalent for each additive (Tab. 2). While mixing soil and additive, the soil was moistured with de-ionized water up to a water content of 40% of the water-holding capacity (WHC; *Wilke*, 2005). The amended soils were incubated for eight weeks at a constant temperature of 12 °C in polypropylene boxes, covered with polyethylene foil to reduce the water loss due to evaporation, but enabling oxygen diffusion. Each box contained 2 kg of soil on DM basis. The treatments were fourfold replicated and the boxes were arranged in a completely randomized block design within the incubation chamber.

Table 2: *Amounts of burnt lime (92% CaO), calcium sulfate hemihydrate (β $CaSO_4 \cdot 0.5\ H_2O$) and sodium hydroxide (NaOH) added to the soil in three doses (low, medium and high) based on equal amounts of Ca^{2+} ions (CaO and $CaSO_4$) and OH^- ions (CaO and NaOH).*

			Additive		
Dose	OH^-	Ca^{2+}	CaO	$CaSO_4$	NaOH#
	[mmol (kg DM)$^{-1}$]		*[g (kg DM)$^{-1}$]*	*[g (kg DM)$^{-1}$]*	*[ml (kg DM)$^{-1}$]*
Low	50	25	1.5	3.6	50.0
Medium	130	65	4.0	9.5	---
High	260	130	8.0	19.0	---

 # 1 M; DM = dry matter

Immediately after the incubation, one half of the soil of each box was used for soil analyses, while the remaining soil (1 kg DM soil) served as substrate for a pot experiment with sugar beet as test crop in the greenhouse. The pots (1 L round-pots, type: Göttinger) were arranged in a randomized complete block design. Ten pre-germinated pelleted sugar beet seeds per pot (cultivar: Schubert, Strube GmbH & Co. KG, Söllingen, Germany; seeds treated with Poncho beta, Tachigaren, Aatiram, Gaucho WS) were placed just below the soil surface and thinned to five plants after emergence. The soil water content was kept between 60% and 80% of WHC by frequent watering with de-ionized water on weight basis. The greenhouse temperature differed with the season but never fell below 18 °C. At night, artificial light was applied for 12 hours (OSRAM PLANTASTAR®, 600 W; 4,5 klux m^{-2}).

All treatments received liquid nitrogen fertilization at five dates over the growing period (in total 400 mg N pot^{-1} as NH_4NO_3-solution). Furthermore, Tachigaren (Hymexazol) fungicide solution was applied four times to each seedling (each 7,5 mg $(10\ seedlings)^{-1}$) to control damping-off disease. The time from planting to harvesting the young sugar beet plants was about eight weeks in all experiments. At harvest date, the complete plants (taproot + leaves) except fibrous roots were removed from the soil, without separation of taproots and leaves.

2.2 Soil and plant analyses

Before analysis, the soil was dried to constant weight (40 °C), ground (< 1 mm) and thoroughly mixed. The pH was measured in $CaCl_2$-solution (0.01 *M*; 10 g DM soil $(25\ ml)^{-1}$; VDLUFA, 1991), the soil P was extracted by EUF (EUF 2000, HEITEC AG, Erlangen, Germany). With this method, two fractions (1, 2) were distinguished: phosphate of the first fraction was extracted at 20 °C, a maximum voltage of 200 V and a maximum amperage of 15 mA over 30 minutes. The second fraction was extracted at the settings: 80 °C, maximum 400 V, 150 mA, 5 minutes (VDLUFA, 2002). The principles of operation of the EUF extraction apparatus was described in detail by Németh (1976, 1979). The content of orthophosphate in the extract was measured photometrically at a wavelength of 880 nm (SKALAR 4000, Skalar Analytical B.V., Breda, Netherlands) using the molybdenum blue method as described by *Murphy* and *Riley* (1962).

The plant material was dried at 105 °C, ground (< 0.5 mm) and digested with nitric acid (70% HNO_3) and hydrogen peroxide (30% H_2O_2) in a microwave pressure vessel at 220 °C for 20 minutes (MARS-X-PRESS, CEM GmbH, Kamp-Lintfort, Germany). After digestion, the P content of the solution was determined by inductively coupled plasma optical emission spectrometry (ICP-OES; Arcos FHE, SPECTRO Analytical Instruments GmbH, Kleve, Germany). The plant P uptake from the soil was calculated by multiplying the P content of the plant tissue with the total plant yield.

2.3 Statistical Analysis

The statistical analyses were conducted using the software package SAS® 9.3 (SAS Institute Inc., Cary, US-NC). The first and the second experiment, each with soil from Erfurt, were analyzed together in a two way ANOVA with the MIXED procedure (*Littell* et al., 1996). The effect of treatment (CaO, $CaSO_4$ and NaOH in each dose, named additive in the further text), experiment (one and two), and its interaction was regarded as fixed, while the interaction of replication x experiment was assumed as random in the model. The third experiment with the soils from Göttingen and Ochsenfurt was analyzed separately in a two way ANOVA with the MIXED procedure, taking additive and soil, and its interaction as fixed effects. The analysis of the third experiment (soils Göttingen and Ochsenfurt) separately from the first and second experiment (soil Erfurt) was inevitable to avoid confounding of soil and experiment effects.
The effects of additives are given as arithmetic means of the two experiments for soil Erfurt, and as arithmetic means of the two soils for Göttingen and Ochsenfurt.
Normal distribution of the residuals was tested using the SAS procedure UNIVARIATE. The comparison of the individual means was conducted within the LSMEANS statement using Tukey's test ($p \leq 0.05$), the allocation of letters was made by PDMIX800 (*Saxton*, 1998). The software Sigma Plot 11.0 (Systat Software Inc.) was used for graphical presentation.

3 Results

3.1 Soil-pH and EUF extractable Ca and P contents

There was no significant effect of the experiment on pH, EUF-Ca content and EUF extractable P for the soil Erfurt (not shown).
Significant interactions (additive x experiment, additive x soil) were examined in detail and evaluated not to be relevant for the interpretation of data. This was justified because the additive effects differed in magnitude between experiments (soil Erfurt) and soil (Göttingen, Ochsenfurt), thus causing significance. However, the differences always tended towards the same direction and never were directed opposite. Hence, such interactions are not presented in the further text.
Application of CaO and $CaSO_4$ increased the Ca content of the soil in the first and the second EUF fraction compared to the control (Tab. 3). NaOH application tended to decrease the EUF extractable Ca content of the soil in total and in the first EUF fraction, and to increase the EUF Ca content of the second EUF fraction compared to the untreated control in all soils.
The soil pH significantly increased due to liming, while $CaSO_4$ application had no effect compared to the control (Tab. 3). In the soil Erfurt the pH increased from 6.7 in the control up to 8.8 in the lime-high treatment, in the mean of Göttingen & Ochsenfurt the pH increased

from 6.9 up to 9.1, respectively. The pH in the NaOH treatment was similar to the lime-medium treatment (about pH 8.0).

Table 3: *Effect of the additives burnt lime (CaO), calcium sulfate ($CaSO_4$) and sodium hydroxide (NaOH) applied in low, medium and high dose on the soil pH and EUF extractable calcium in the soil after 8 weeks incubation (total, fraction 1: F1, fraction 2: F2; Erfurt: n = 8, Göttingen & Ochsenfurt: n = 8). Different letters in rows indicate significant differences at $p \leq 0.05$ (Tukey-Test).*

	Control	---- CaO ----			--- $CaSO_4$ ---			NaOH
		Low	Med	High	Low	Med	High	Low
Erfurt								
pH [ ]	6.7^{d}	7.6^{c}	7.9^{bc}	8.8^{a}	6.8^{d}	6.8^{d}	6.8^{d}	8.1^{b}
Ca_{EUF}#	42^{de}	84^{cde}	114^{cd}	152^{c}	136^{c}	327^{b}	562^{a}	24^{e}
Ca_{EUF-F1}#	24^{d}	42^{cd}	48^{cd}	70^{cd}	98^{c}	274^{b}	478^{a}	4^{d}
Ca_{EUF-F2}#	18^{e}	42^{cd}	66^{b}	82^{a}	38^{d}	53^{c}	84^{a}	20^{e}
Göttingen & Ochsenfurt								
pH [ ]	6.9^{e}	7.6^{d}	8.3^{b}	9.1^{a}	7.0^{e}	7.2^{e}	6.9^{e}	8.0^{c}
Ca_{EUF}#	46^{f}	85^{e}	124^{d}	193^{c}	137^{d}	309^{b}	592^{a}	30^{f}
Ca_{EUF-F1}#	27^{e}	47^{de}	55^{d}	102^{c}	106^{c}	258^{b}	521^{a}	3^{f}
Ca_{EUF-F2}#	19^{f}	38^{d}	69^{b}	91^{a}	31^{de}	51^{c}	71^{b}	27^{ef}

EUF-Ca-content [mg (100 g DM soil)$^{-1}$], DM = dry matter

Sodium hydroxide application increased the total EUF extractable P content of all soils, due to a significant increase in the first EUF fraction (Fig. 1). Liming with the low (Erfurt) and medium (Göttingen & Ochsenfurt) dose significantly increased the total EUF-P compared to the control. This increase was due to a slight increase in the first EUF fraction and a partially significant increase in the second EUF fraction (Göttingen and Ochsenfurt). Lime added in the highest dose and all $CaSO_4$ treatments decreased the total and first fraction EUF-P compared with the control, while the P content of the second EUF fraction increased.

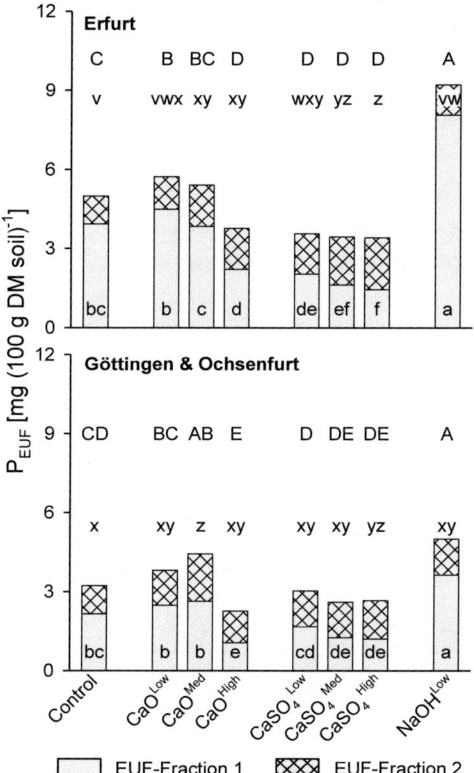

Figure 1: *Effect of additives added to the soil in low, medium and high dose on EUF extractable phosphorus (P) content of the soils Erfurt (n = 8) and Göttingen & Ochsenfurt (n = 8) in the first and second EUF fraction. Means of EUF-P content in the first (lowercase letters a – f) and second (lowercase letters v – z) fraction and total extracted P (fraction 1 + 2; uppercase letters) with the same letter are not significantly different at $p \leq 0.05$ (Tukey-Test).*

3.2 Sugar beet plant yield, P content and uptake

The plant parameters (yield, P content, P uptake) significantly differed between the experiments (one, two; except P uptake), and the soils (Göttingen, Ochsenfurt) but there were no relevant interactions (additive x experiment; additive x soil; not shown).

The sugar beet plant yield significantly increased in almost all additive treatments compared with the control (Fig. 2). The highest plant yield was achieved following NaOH application. In all CaO and $CaSO_4$ treatments the yield was intermediate between the control and the NaOH treatment, except for the lime-low treatment at Göttingen & Ochsenfurt, which yielded equal to the control.

The P content of the plants grown on Erfurt soil varied just slightly and ranged at about 2.3 g (kg DM plant)$^{-1}$, except in the CaO-high treatment, where the P content was significantly higher compared with the control and the two other CaO treatments (Fig. 2). Compared to the Erfurt soil, the treatment effect on the plant P content was considerably higher on average across the soils Göttingen and Ochsenfurt. Here, the CaO-high treatment caused the significantly highest P content of the sugar beet plant tissue.

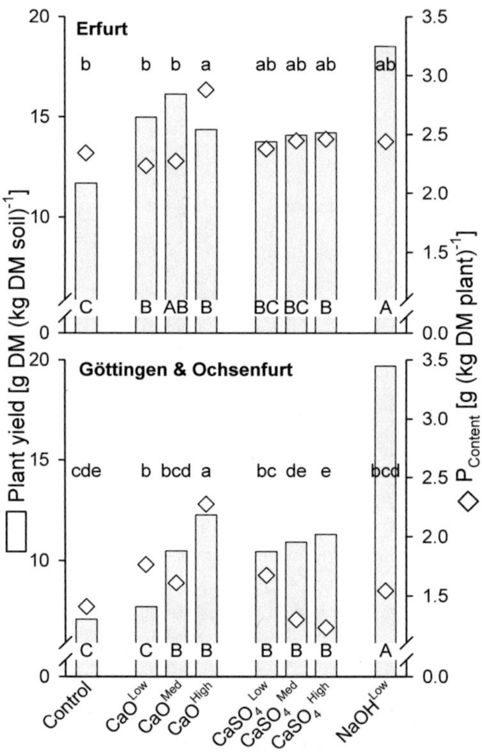

Figure 2: *Effect of additives added to the soil in low, medium and high dose on total plant yield and phosphorus (P) content of 8 weeks old sugar beet plants grown in the greenhouse on the soils Erfurt (n = 8) and Göttingen & Ochsenfurt (n = 8). Means with the same letter (plant yield: uppercase, P content: lowercase) are not significantly different at* $p \leq 0.05$ *(Tukey-Test).*

The P uptake of the plants was lowest in the control and increased with increasing doses of CaO (Fig. 3); sodium hydroxide addition enhanced the P uptake as well, resulting in the significantly highest P uptake in NaOH and CaO-high treatments on average of the soils Göttingen & Ochsenfurt. At the soil Erfurt, the CaO-high treatment significantly increased the P uptake only compared with the control. The $CaSO_4$ treatments revealed an intermediate P uptake.

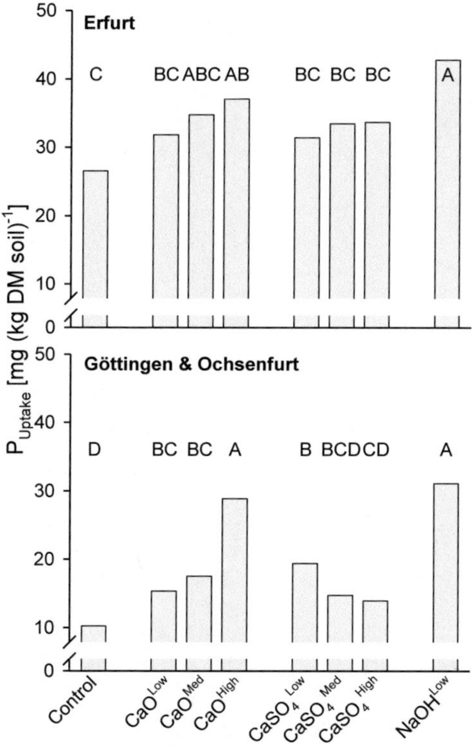

Figure 3: *Effect of additives added to the soil in low, medium and high dose on phosphorus uptake of 8 weeks old sugar beet plants grown in the greenhouse on the soils Erfurt (n = 8) and Göttingen & Ochsenfurt (n = 8). Means with the same letter are not significantly different at p ≤ 0.05 (Tukey-Test).*

3.3 Relation between soil pH and EUF extractable P, and P uptake

For the control and CaO treatments, the regression between soil pH and EUF extractable P, and P uptake was calculated (Fig. 4).

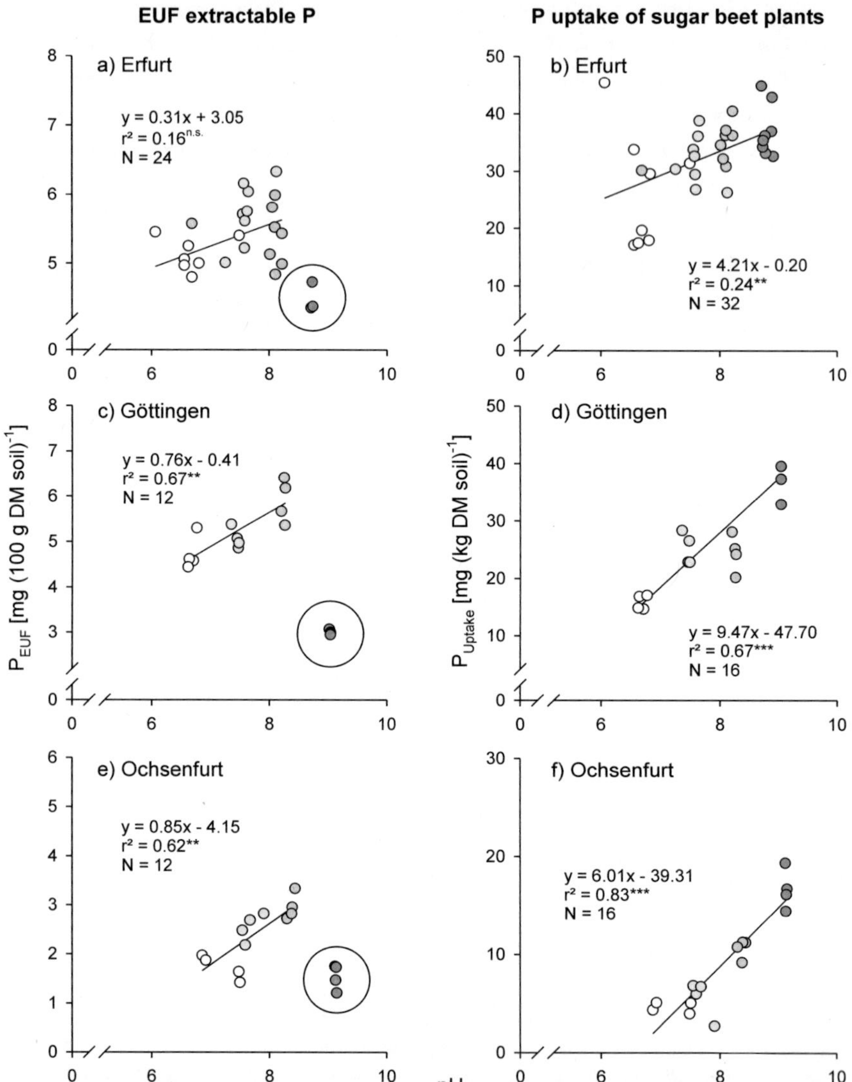

Figure 4: *Linear regression between the soil pH and the EUF extractable phosphorus (P) content (a, c, e), and the P uptake of eight weeks old sugar beet plants grown in the greenhouse (b, d, f) for the three soils Erfurt, Göttingen and Ochsenfurt; only control and CaO treatments were included; increasing CaO amounts were displayed by an increasing gray level of the dots. Dots within circles were excluded from the regression; n.s. not significant, ** $p \leq 0.01$, *** $p \leq 0.001$.*

When excluding the data from the CaO-high treatment, a positive relation between pH (about 6.5-8) and EUF-P was found, which was significant for the Göttingen and Ochsenfurt soils (Fig. 4). In all soils the P uptake of the sugar beet plants significantly increased with increasing soil pH, even when CaO-high (pH up to about 9) was included.

4 Discussion

Our study aimed to examine the effect of lime application on loessial soils at pH close to 7 and low in Ca content on EUF extractable and plant available P. The two parameters were highly affected by the given additives. But in contrast to our hypothesis, the substantial increase of the soil pH due to the addition of NaOH (pH 8.0) and CaO (pH 7.6 – about 9.0) did not decrease but clearly increased the EUF extractable P content of the soil (except in the CaO-high treatment) and the plant available P, as measured by the P content of the plant tissue and the P uptake by the sugar beet plants.

The application of $CaSO_4$ had no effect on the soil pH (cf. also *Caires* et al., 2011), but considerably increased the EUF-Ca content. Simultaneously, $CaSO_4$ addition decreased EUF-P, which was presumably due to the high Ca concentration in the soil. Although Ca-P was not measured, its formation could have been fostered by the addition of big amounts of easily soluble Ca via $CaSO_4$. Similarly, *Zhu* and *Alva* (1994) observed a decreased transport of P in gypsum-amended soils, which the authors at least partly attributed to the precipitation of Ca-P. Moreover, a high concentration of Ca in the soil may strongly increase the P adsorption, especially at pH ≥7 (*Barrow,* 1984; *Haynes,* 1982). In incubation and leaching experiments, *Anderson* et al. (1995), *O'Connor* et al. (2005) and *Uusitalo* et al. (2012) confirmed a substantial reduction of water soluble and leachable P resulting from $CaSO_4$ amendment of agricultural soils. In a field experiment on arable soil, the loss of dissolved P from a Southern Finnish water catchment decreased by 29% after $CaSO_4$ amendment (*Ekholm* et al., 2012). In contrast to our study, this investigation revealed no effect of the $CaSO_4$ amendment on extractable P; however, this lack of effect was likely due to the extraction with 0.5 *M* ammonium acetate and 0.5 *M* acetic acid (ratio soil to extraction solution 1:10), which has a high power to dissolve Ca-P due to its acidic extraction conditions (pH 4.65; *Schüller*, 1969).

In our study, the addition of $CaSO_4$ did not decrease the P content and uptake of sugar beet plants. These parameters were almost unaffected by the $CaSO_4$ application, which clearly shows that P was still plant available, even though EUF extractability had decreased. Sugar beet plants are known to have a high P acquisition ability, even if P predominantly occurs as apatite (*Leppin*, 2007). Thus, the precipitation of P as Ca-P can not be excluded for our study.

In contrast to $CaSO_4$, the application of NaOH did not increase the Ca content, but substantially increased the pH of the soil, thereby doubling the total EUF-P content compared to the control. Similarly, the addition of potassium hydroxide to cultivated and virgin soils of Southwestern Finland raised the pH from 4.4 to 6.1, and the water extractable P from 1.65 to 11.32 mg kg^{-1} (*Hartikainen*, 1985).

An increase of extractable P after raising the soil pH indicates a mobilization of P, likely due to the dissolution and desorption of P from Fe/Al-P (*Haynes*, 1982). Moreover, the monovalent Na^+ ion is known to decrease the sorption of P with increasing pH, thereby increasing the P concentration in the soil solution (*Barrow*, 1984).

In our study, the P uptake of the sugar beet plants was highest after NaOH application compared to all other treatments. This was due to a strong increase of the plant yield, which might have been caused by the sodium ions added, substituting potassium in several functions in the plant. Such effects have been described earlier especially from sugar and fodder beet pot experiments (*Lehr*, 1941; *Scharrer* et al., 1953; *Wakeel* et al., 2010). However, the P content of the plant tissue remained constant after NaOH application compared to the control. Thus, a P dilution effect can be excluded. Concurrently the P uptake substantially increased, thereby indicating that the mobilized P was well plant available. The EUF extraction was evidently able to predict this raise of plant available P in the soil.

The comparison of the EUF-P data from the NaOH and the $CaSO_4$ treatments (low dose for both) reveals, that the effect of P mobilization by increasing the pH was more pronounced than the effect of P immobilization by increasing the Ca concentration in the soil. This may be due to the low initial Ca content of the loessial soils used in this study; however, it has not yet been studied if soils with a higher initial Ca content react alike. After the addition of CaO, the two processes, (i) the mobilization of Fe/Al-P due to pH increase and (ii) P immobilization due to the increased Ca concentration, proceeded simultaneously. As a result, liming in low (Erfurt) and medium doses (Göttingen & Ochsenfurt) increased the EUF extractable P content due to the predominant pH effect, resulting in a close correlation between soil pH and EUF-P. However, at the CaO-high treatment the Ca-effect was prevalent, which decreased EUF-P down to the same low level as measured in the $CaSO_4$ treatments.

In the CaO-high treatment, EUF-P decreased in the first fraction while it increased in the second fraction by the same amount as in the $CaSO_4$ treatments. Decreasing amounts of extractable nutrients in the first EUF fraction and simultaneously increasing amounts in the second fraction are known to be a technical effect of the EUF extraction method: if a high electrical conductivity occurs during the extraction procedure, the voltage in the EUF extraction cell is dimmed, which reduces the extractive strength in first extraction step; consequently, more ions are extracted by the second extraction step (*Pauler* and *Neumann*, 1996). These mechanisms also explain the reduction of extractable Ca in the first EUF fraction after NaOH application, causing a high Na^+ concentration in the soil suspension and thus, electrical conductivity. Similar results were obtained after adding increasing amounts of NaCl to the soil suspension (*Pauler* and *Neumann*, 1996). For the CaO-high treatment however, a dimming-voltage-effect reducing EUF extractable P can be excluded because this effect seems to apply only for cations (e.g. Ca). This can be concluded from the strong increase instead of decrease of EUF-P in the first fraction of the NaOH treatments, which might have been affected by voltage dimming. Hence, the decrease of EUF-P in CaO-high treatments must be a result of the high Ca ion concentration of the soil, presumably resulting to an enhanced sorption or formation of Ca-P, which was not adequately extracted by the EUF method.

Liming increased the P uptake of the sugar beet plants, especially in the CaO-high treatment, where it raised both, the plant yield and the P content of the plants compared to the control. This increase in P uptake was closely related to an increasing soil pH, which came along with increasing doses of lime, despite high amounts of Ca were simultaneously added. In the CaO-high treatment the P uptake was as high as in the NaOH treatment. However, in the CaO-high treatment the EUF extraction was not able to predict this high amount of plant available P taken up by the sugar beet plants. Similar to the $CaSO_4$ application, the high Ca content of the soil, generated by CaO-high, obviously caused a transition of EUF extractable P into a not extractable but still sugar beet plant available P fraction, presumably adsorbed or precipitated as Ca-P.

The effect of liming on the P extractability or plant availability was frequently investigated by adding lime to soils which were initially acidic. Among others, *Haynes* (1982) summarized in a review article, that liming was reported to increase, decrease or not to affect the extractable P of the soil. An increase of the soil pH without any effect on extractable P was reported by *Bambara* and *Ndakidemi* (2010), *Hartikainen* et al. (2010) and *Moreira* and *Fageria* (2010). An increase of extractable and plant available P by liming acidic soils was found by *Várnai* et al. (1985). In this study, the application of 2.2 g CaO (kg soil)$^{-1}$ increased the pH_{KCl} from 4.2 up to 6.1, doubled the EUF extractable P of the first fraction, and caused slightly increasing P contents in grape leaves. In pot experiments with alfalfa, liming strongly increased the soil pH_{CaCl2} from 3.8 to 6.4, and the alfalfa yield and P uptake, while the P content of the plant tissue decreased slightly (*Moreira* and *Fageria*, 2010). Moreover, the P content of soybean cultivated in pots increased with raising pH after application of limestone (*Viviani* et al., 2010).

Field experiments with sugar beet revealed, that liming (3000 kg CaO ha^{-1}) did not affect the EUF extractable P and the P content and removal by the crop (*Fischer* et al., 2013). This was probably due to a less intensive mixing of soil and lime, and a less intensive rooting of the soil in the field compared to the 1 L pots as used in our greenhouse experiments; moreover, the growing period in the field study of *Fischer* et al. (2013) was six month instead of eight weeks. Contrastingly, an annual application of pelletized dolomitic lime to permanent grassland increased the P content of the plants (*Higgins* et al., 2012), while *Wasner* et al. (2001) showed that an application of 300 t carbonation lime to soils originally high in pH had no effect on pH and extractable P (Ca-Acetate-Lactate).

In our study, the effects as previously discussed were derived from experiments conducted with soils incubated for eight weeks after mixing with the additives. It might be argued that a longer incubation might have considerably altered the effects of the additives. However, in a previous test even an incubation period of 24 weeks did not cause significant changes to the results as obtained after 8 weeks of incubation (not shown).

In summary, our study revealed that burnt lime added to loessial soils with neutral pH and low in Ca content substantially increased the soil pH and Ca content, and the EUF extractable P and the P uptake of sugar beet plants. This, however, is in clear contrast to our hypothesis expecting a decrease of EUF extractable and plant available P under such conditions. Obviously, increasing the pH to > 7 predominantly enhanced the mobilization of P, presumably from Fe/Al-P, while increasing the Ca content decreased the extractability but not the plant availability of P. Presumably, the soils included in this study are characterized by a well developed Fe-/Al-P pool. It can be expected that due to the long-term application of P fertilizer, the Fe-/Al-P pool of the soils increased (*Munk*, 1973; *Werner*, 1970). Moreover, the formation of Ca-P might have been lower than expected for the soils included, and soils with a higher initial Ca content may react differently.

Further studies are required to elucidate (i) the size of the Fe/Al-P pool in loessial soils at pH close to 7 and low in Ca content, (ii) the transition of P between different P compounds caused by liming, and (iii) from which fraction P is taken up by sugar beet plants and extracted by the EUF method. For investigating such aspects, the soil P must be fractionated with extractants sequentially addressing the different P compounds.

5 Conclusions

This study revealed that burnt lime added to loessial soils with neutral pH and low in Ca content substantially increased the soil pH to > 7 and Ca activity, and the EUF extractable P and the plant P uptake. This is in clear contrast to our hypothesis, expecting a decrease of EUF extractable and plant available P under such conditions. However, the experimental conditions in the incubation and pot experiments might differ from field conditions regarding the amount of lime applied, intensity of mixing lime and soil, crop species, length of time period during which P is taken up by the crop, etc.; moreover, the soils used in this study were very alike in their textural and chemical properties. Thus, further experiments on a wide range of soils under field conditions are required before allowing to generalize the effects obtained in our study, and including them into P fertilizer recommendation systems such as EUF.

Acknowledgements

This study was funded by EUF-Arbeitsgemeinschaft, Bodengesundheitsdienst GmbH, Südzucker AG Mannheim/Ochsenfurt and K+S KALI GmbH. The excellent technical assistance of the staff of the Agronomy Department of the Institute of Sugar Beet Research is gratefully acknowledged.

References

Anderson, D., Tuovinen, O., Faber, A., Ostrokowski, I. (1995): Use of soil amendments to reduce soluble phosphorus in dairy soils. *Ecol. Eng.* 5, 229–246.

Bambara, S., Ndakidemi, P. A. (2010): Changes in selected soil chemical properties in the rhizosphere of Phaseolus vulgaris L. supplied with Rhizobium inoculants, molybdenum and lime. *Sci. Res. Ess.* 5, 679–684.

Barrow, N. J. (1984): Modelling the effects of pH on phosphate sorption by soils. *J. Soil Sci.* 35, 283–297.

Caires, E. F., Joris, H. A. W., Churka, S. (2011): Long-term effects of lime and gypsum additions on no-till corn and soybean yield and soil chemical properties in southern Brazil. *Soil Use Manag.* 27, 45–53.

Claassen, N., Jungk, A. (1984): Bedeutung von Kaliumaufnahmerate, Wurzelwachstum und Wurzelhaaren für das Kaliumaneignungsvermögen verschiedener Pflanzenarten. *Z. Pflanz. Bodenkd.* 147, 276–289.

Ekholm, P., Valkama, P., Jaakkola, E., Kiirikki, M., Lahti, K., Pietola, L. (2012): Gypsum amendment of soils reduces phosphorus losses in an agricultural catchment. *Agric. Food Sci.* 21, 279–291.

Finck, A. (1979): Dünger und Düngung: Grundlagen und Anleitung zur Düngung der Kulturpflanzen. Verlag Chemie, Weinheim.

Fischer, S., Bürcky, K., Koch, H.-J. (2013): Einfluss einer Kalkung auf EUF extrahierbares Phosphor und Kalium im Boden sowie auf Nährstoffaufnahme, Ertrag und Qualität von Zuckerrüben bei differenzierter Kali-Düngung. *Sugarind.*, in press.

Hartikainen, H. (1985): Response of acid sulphate soils to different liming treatments I. Solubility of sulphate and phosphate. *Z. Pflanz. Bodenkd.* 148:511–518.

Hartikainen, H., Rasa, K., Withers, P. J. A. (2010): Phosphorus exchange properties of European soils and sediments derived from them. *Eur. J. Soil Sci.* 61, 1033–1042.

Haynes, R. J. (1982): Effects of liming on phosphate availability in acid soils. *Plant Soil* 68, 289–308.

Higgins, S., Morrison, S., Watson, C. J. (2012): Effect of annual applications of pelletized dolomitic lime on soil chemical properties and grass productivity. *Soil Use Manag.* 28, 62–69.

Lehr, J. J. (1941): The Importance of Sodium for Plant Nutrition: II. Effect on Beets of the Secondary Ions in Nitrate Fertilizers. *Soil Sci.* 52, 373–380

Leppin, T. (2007): Mobilisierungspotential unterschiedlicher Pflanzen für stabile Phosphatformen im Boden. PhD thesis, Justus-Liebig-University Gießen.

Littell, R. C., Milliken, G. A., Stroup, W. W., Wolfinger, R. (1996): SAS system for mixed models. SAS Institute Inc, Cary, N.C.

Mengel, K. (1984): Ernährung und Stoffwechsel der Pflanze. Fischer Verlag, Stuttgart.

Moreira, A., Fageria, N. K. (2010): Liming influence on soil chemical properties, nutritional status and yield of alfalfa grown in acid soil. *Rev. Bras. Ciênc. Solo* 34, 1231–1239.

Munk, H. (1973): Zur Umwandlung von Phosphaten im Boden. *Z. Pflanz. Bodenkd.* 135, 112–120.

Murphy, J., Riley, J. P. (1962): A modified single solution method for the determination of phosphate in natural waters. *Anal. Chim. Acta* 27, 31–36.

Németh, K. (1976): Die effektive und potentielle Nährstoffverfügbarkeit im Boden und ihre Bestimmung mit Elektro-Ultrafiltration (EUF). Habilitation thesis, Gießen.

Németh, K. (1979): The availability of nutrients in the soil as determined by electro-ultrafiltration (EUF). *Adv. Agron. 31,* 155–188.

Németh, K. (1985): Recent advances in EUF research (1980–1983). *Plant Soil* 83, 1–19.

Németh, K., Bartels, H., Heuer, C., Ziegler, K. (1989): Lime requirement exactly determined by EUF. *Sugarind.* 114, 336–338.

O'Connor, G., Brinton, S., Silveira, M. (2005): Evaluation and selection of soil amendments for field testing to reduce P losses. *Soil Crop Sci. Soc. Fla. Proc.* 64, 22–34.

Pauler, B., Neumann, K.-H. (1996): Modelluntersuchungen zur K-Freisetzung aus Böden mit höherer elektrischer Leitfähigkeit durch die Elektro-Ultrafiltration (EUF). *Z. Pflanz. Bodenkd.* 159, 391–397.

Sanchez, P. A., Uehara, G. (1980): Management Considerations for Acid Soils with High Phosphorus Fixation Capacity, in Khasawneh, F. E., Sample, E. C., Kamprath, E. J.: The Role of Phosphorus in Agriculture. American Society of Agronomy, Madison, Wisconsin, pp. 471–514.

Saxton, A. (1998): A macro for converting mean separation output to letter groupings in Proc Mixed. *Proc. 23rd SAS Users Group Int.* 1243–1246.

Schachtschabel, P., Hartge, K. (1958): Die Verbesserung der Strukturstabilität von Ackerböden durch eine Kalkung. *Z. Pflanz. Dung. Bodenkd.* 83, 193–202.

Schachtschabel, P., Heinemann, G. (1964): Beziehungen zwischen P-Bindungsart und pH-Wert bei Lößböden. *Z. Pflanz. Dung. Bodenkd.* 105, 1–13.

Scharrer, K., Schreiber, R., Kühn, H. (1953): Über den Einfluß des Natriums auf das Wachstum von Futter-und Zuckerrüben bei ausreichender Versorgung mit Kalium. *Z. Pflanz. Dung. Bodenkd.* 62, 128–137.

Scheffer, F., Schachtschabel, P. (2010): Lehrbuch der Bodenkunde. 16th ed., Spektrum, Akademischer Verlag, Heidelberg, Berlin.

Schüller, H. (1969): Die CAL-Methode, eine neue Methode zur Bestimmung des pflanzenverfügbaren Phosphates in Böden. *Z. Pflanz. Bodenkd.* 123, 48–63.

Uusitalo, R., Ylivainio, K., Hyväluoma, J., Rasa, K., Kaseva, J., Nylund, P., Pietola, L., Turtola, E. (2012): The effects of gypsum on the transfer of phosphorus and other nutrients through clay soil monoliths. *Agric. Food Sci.* 21, 260–278

Várnai, M., Eifert, J., Szöke, L. (1985): Effect of liming on EUF-nutrient fractions in the soil, on nutrient contents of grape leaves and on grape yield. *Plant Soil* 83, 55–63.

VDLUFA (1991): Bestimmung des pH-Wertes A 5.1.1, VDLUFA Methodenbuch Band 1: Die Untersuchung von Böden, VDLUFA-Verlag, Darmstadt.

VDLUFA (2002): Bestimmung der durch Elektro-Ultrafiltration (EUF) lösbaren Anteile von Phosphor, Kalium, Calcium, Magnesium, Natrium, Schwefel und Bor, A 6.4.2, VDLUFA Methodenbuch Band 1: Die Untersuchung von Böden, VDLUFA-Verlag, Darmstadt.

Viviani, C. A., Marchetti, M. E., Tadeu Vitorino, A. C., Novelino, J. O., Goncalves, M. C. (2010): Phosphorus availability in two clayey oxisols and its accumulation in soybean as a function of the increase in pH. *Cienc. E. Agrotec.* 34, 61–67.

Wakeel, A., Steffens, D., Schubert, S. (2010): Potassium substitution by sodium in sugar beet (Beta vulgaris) nutrition on K-fixing soils. *J. Plant Nutr. Soil Sci.* 173, 127–134.

Wasner, J., Liebhard, P., Eigner, H. (2001): Application of carbonation lime on high pH soils in the Pannonian region of Austria. *Sugarind.* 126, 194–201.

Werner, W. (1970): Untersuchungen zur Pflanzenverfügbarkeit des durch langjährige Phosphatdüngung angereicherten Bodenphosphats. 1. Mitteilung: Die Verfügbarkeit der Umwandlungsprodukte in sauren Böden. *Z. Pflanz. Bodenkd.* 126, 135–150.

Wilke, B.-M. (2005): Water-Holding Capacity, in Margesin, R., Schinner, F.: Manual for soil analysis: monitoring and assessing soil bioremediation. Springer, Berlin, New York, pp. 47–49.

Zhu, B., Alva, A. K. (1994): The effect of gypsum amendment on transport of phosphorus in a sandy soil. *Water Air Soil Pollut.* 78, 375–382.

IV Artikel 3 – Liming of loess soils increases EUF extractable and labile P

Holger Lemme, Klaus Dittert, Heinz-Josef Koch, Bernward Märländer

Abstract

Liming of decalcified arable soils is necessary, even when the pH is close to 7, as Ca is needed for plant Ca nutrition and for good soil structure. However at this pH, additional lime may interact with P availability, thus, in this study, sequential P extraction was conducted in order to clarify the effect of liming on soil P fractions. Also we tested applications of calcium sulfate ($CaSO_4$) or sodium hydroxide (NaOH) instead of burnt lime (CaO) to investigate the different lime effects – increasing the Ca content and pH of the soil – separately. After mixing three different loess topsoils with the respective additive (CaO, $CaSO_4$ and NaOH) given in three doses of Ca^{2+} or OH^- ions, respectively, the soils were incubated for four or eight weeks, at 12°C and 40% water-holding capacity. Subsequently, available P was analyzed by sequential extraction and by electro-ultrafiltration (EUF). Increasing soil Ca by application of $CaSO_4$ decreased H_2O extractable inorganic P (H_2O-P_i) and EUF-P. In contrast, with increasing soil pH after addition of CaO or NaOH, H_2O-P_i and EUF-P increased, especially in NaOH treatments. In addition, liming considerably increased $NaHCO_3$-P_i, which was most likely due to Ca ions simultaneously applied with CaO. The increase in labile P (H_2O-P_i + $NaHCO_3$-P_i) after a medium lime dressing was similar to that after NaOH application, and in both treatments it corresponded to a decrease in Fe/Al-P as seen in the NaOH-P_i fraction. Neither the increase of soil pH nor the application of Ca nor the combination of both affected sparingly soluble Ca-P as extracted by HCl. For all soil treatments, the relationship between the first EUF-P fraction and H_2O-P_i was very close. It can be concluded, that liming of low-Ca loess soils mobilizes Fe/Al-P and increases labile P, although the initial pH of the soil is close to 7.

Keywords: phosphorus; pH; calcium; lime; gypsum; Hedley sequential extraction; electro-ultrafiltration; pot incubation experiments

1 Introduction

Liming of decalcified arable soils is necessary to maintain soil fertility under humid climate conditions. Aims are maintaining the pH in an optimal range and counteracting the elution of calcium (Ca) ions, which are important for the preservation of the soil structure, especially within the clay fraction. Clayey loess soils frequently have low Ca contents, thus requiring a lime application even though, their pH is close to neutral (6.5 – 7.0; *Németh* et al., 1989). However at soil pH 6.5 – 7.0, additional lime may affect with the phosphorus (P) availability. Usually, liming of acid soils should increase the P release due to dissolution and desorption of iron (Fe) and aluminium (Al) bound phosphates driven by the increase in pH (*Haynes*, 1982). However, high pH and high Ca contents of the soil are widely anticipated to decrease P in the soil solution and also to promote the precipitation of sparingly soluble Ca-phosphates (*Haynes*, 1982; *Sanchez and Uehara*, 1980). Moreover, the adsorption of P might increase at high pH in an calcium dominated environment *(Barrow,* 1984). Thus, the solubility and the desorption of Ca-bound P is seen to decrease with increasing pH (*Barrow,* 1984; *Haynes*, 1982).

The electro-ultrafiltration (EUF) extraction method described by *Németh* (1979; 1976) brings into solution two nutrient fractions and, this fractionation is related to their plant availability (*Németh*, 1985). The fractionation is achieved by varying the extraction parameters temperature, voltage and current. However so far, there are no studies clarifying the nature of the P compounds brought into solution by EUF

Pot trials with sugar beet have shown that liming of loess soils with nearly neutral pH but low Ca content increased plant available and EUF extractable P (*Lemme* et al., 2013), although liming raised the pH considerably above the expected optimum for P availability (*Scheffer* and *Schachtschabel*, 2010: 6.0 – 6.5; *Finck*, 1979: 5.5 – 7.0).

Fractionation of the soil P pools may reveal effects of lime on P fractions, and clarify the increased plant availability and EUF extractability of P after liming loess soils with neutral pH. Regarding P fractionation, numerous research papers (*Alt* et al., 2011; *Geisseler* et al., 2011; *Pavinato* et al., 2009; *Piegholdt* et al., 2013; *Sommer*, 1966; *Vu* et al., 2009) and reviews (*Cross* and *Schlesinger*, 1995; *Johnson* et al., 2003; *Negassa* and *Leinweber*, 2009) using various methods (*Chang* and *Jackson*, 1957; *Hedley* et al., 1982; *Kurmies*, 1971) and modifications (e.g. *Tiessen* and *Moir*, 1993) have been published. However, none of these studies investigated the immediate effect of lime application on soil P fractions.

Cross and *Schlesinger* (1995) summarized which P compound corresponded with the respective Hedley extractant. Briefly, H_2O extractable inorganic P (P_i) characterizes easily soluble, very labile and directly exchangeable P_i. Sodium bicarbonate ($NaHCO_3$) extractable P_i is also labile and in equilibrium with the soil solution. Often summarized as labile P, H_2O-P_i and $NaHCO_3$-P_i are slightly adsorbed and readily available for plants, which was similarly reported by *Brookes* et al. (1983). Sodium hydroxide (NaOH) extractable P_i is less labile compared to H_2O-P_i and $NaHCO_3$-P_i. It is associated with Fe and Al bound P as well as P strongly adsorbed on surfaces of Fe and Al oxides. Hydrochloric acid (HCl) extracts acid soluble P such as stable Ca-bound P and partially P_i, which is occluded within sesquioxides.

Finally, residual P is determined by acid digestion. Here, highly resistant P_i and organic P (P_o), presumably physically occluded or humus related P were solved. Additionally, $NaHCO_3$ and NaOH are partially able to extract P_o.

Several studies have shown that Ca-P predominates in calcareous soils (*Delgado* and *Torrent*, 2000; *Jalali* and *Sajadi Tabar*, 2011) as well as in soils with a pH > 6.5 (*Schachtschabel* and *Heinemann*, 1964), while Fe/Al-P is relevant in acid soils only. In contrast, it was reported, that soils with pH closely below 7 can also have a high portion of Fe/Al-P (*Delgado* and *Torrent*, 2000; *Machold*, 1963), presumably explained by the finding that fertilized P converts to Fe/Al-P (*Munk*, 1973; *Werner*, 1970). However, it is neither clear whether artificially applied Ca affects the Ca-P pool nor whether a further increase of soil pH above 7 affects possibly existent Fe/Al-P.

Our study aimed to examine the effect of liming arable loess soils at pH close to 7 and low in Ca content on the soil P fractions. We hypothesized that (i) a Fe/Al-P pool was predominant in the investigated soils, although the initial pH was close to 7, (ii) a further increase of the pH released Fe/Al-P, which converted at least partly into labile P (plant available) and EUF extractable P, and (iii) a part of the mobilized P was precipitated as Ca-P. Moreover, we intended to describe the P compounds extracted by EUF in more detail. To investigate the effects of Ca and pH separately, calcium sulfate ($CaSO_4$) and sodium hydroxide (NaOH) were separately applied to the soil instead of burnt lime (CaO). The present study is exclusively based on pot incubation experiments.

2 Material and methods

2.1 Additive treatments and soil incubation

Top soil (0 – 30 cm) derived from loess from three different arable sites (Erfurt, Göttingen, Ochsenfurt) was collected, air dried, sieved (< 5 mm) and stored. The soils were characterized by low Ca contents in the second EUF fraction (< 40 mg (100 g soil)$^{-1}$) and low carbonate contents (Table 1). The pH was close to 7.0 in all soils and the humus content was approximately 2.3%. The clay content decreased in the order Erfurt (25%) > Ochsenfurt (19%) > Göttingen (14%). EUF extractable P of the Ochsenfurt soil was less than half of the two other soils, whereas these two were very alike in EUF-P.

Table 1: *Texture, chemical properties, EUF-phosphorus (P_{EUF}) content in total and EUF-calcium content in the second fraction (Ca_{EUF-F2}) of the soils Erfurt, Göttingen and Ochsenfurt.*

	Erfurt	Göttingen	Ochsenfurt
Silt [%]	70.5	80.8	80.1
Clay [%]	25.3	13.5	19.0
Humus [%]	2.6	2.2	2.0
$CaCO_3$ [%]	0.1	0.2	0.1
pH [ ]	6.9	6.9	7.1
CEC_{pot}§	18.6	13.3	14.3
Ca_{EUF-F2}#	25.0	21.0	18.0
P_{EUF}#	5.1	4.7	1.8

§ potential cation exchange capacity [cmol (kg soil)$^{-1}$]; # EUF contents [mg (100 g soil)$^{-1}$]

In 2011 and 2012, three incubation trials were conducted. In the first trial only soil from Erfurt, in the second trial soils from Erfurt and Göttingen and in the third trial soils from Göttingen and Ochsenfurt were used. All soils in all trials were treated in the same way. The three additives burnt lime (CaO), calcium sulfate hemihydrate (β $CaSO_4 \cdot 0.5\,H_2O$) or sodium hydroxide (NaOH) were applied separately to the soils. While mixing additives with soils, the soils were moisturized to 40% water-holding capacity (*Wilke*, 2005). Burnt lime and $CaSO_4$ were given in three doses whereas NaOH was applied in the low dose only (Table 2). Lime and $CaSO_4$ were applied in equal molarity and accordingly, NaOH was given in a dose stoichiometrically equivalent to CaO with respect to its OH^- effect. Additionally a control remained untreated.

Table 2: *Amounts of burnt lime (92% CaO), calcium sulfate hemihydrate (β $CaSO_4 \cdot 0.5\,H_2O$) and sodium hydroxide (NaOH) added to the soil in three doses (low, medium and high) based on equal amounts of OH^- ions (CaO and NaOH) or Ca^{2+} ions (CaO and $CaSO_4$).*

			Additive		
Dose	OH^-	Ca^{2+}	CaO	$CaSO_4$	NaOH#
	[mmol (kg DM)$^{-1}$]		*[g (kg DM)$^{-1}$]*	*[g (kg DM)$^{-1}$]*	*[ml (kg DM)$^{-1}$]*
Low	50	25	1.5	3.6	50.0
Medium	130	65	4.0	9.5	---
High	260	130	8.0	19.0	---

 # 1 molar; DM = dry matter

Immediately after mixing, the soils were incubated in polypropylene containers, covered with polyethylene foil, at 12°C constant temperature for an incubation period of 4 or 8 weeks. Each treatment in each trial and incubation period was replicated fourfold, except for the treatments of the Erfurt soil in the 4-weeks-incubation of the second trial, which were replicated only threefold. All treatments were done with 2 kg soil, and containers were arranged completely randomized in each trial.

The incubation of the 4 and 8 week treatments started at different dates in order to finish at the same date. At the end of incubation, soils were dried to constant weight (40°C), ground (< 1 mm) and homogenized.

2.2 Sequential phosphorus extraction

For determination of P fractions, the soil was sequentially extracted after *Hedley* et al. (1982), modified by *Tiessen* and *Moir* (1993) and *Piegholdt* et al. (2013). First of all, 0.65 g of the dried and ground soil were weighted into centrifuge tubes. The extractions were conducted in the following order: (1) de-ionized water (H_2O), (2) sodium bicarbonate ($NaHCO_3$, 0.5 *M*), (3) sodium hydroxide (NaOH, 0.1 *M*) and (4) hydrochloric acid (HCl, 1 *M*). After addition of 40 mL of the respective extractant, the suspension was shaken horizontally for approximately 16 h at room temperature. Afterwards, tubes were centrifuged at 4000 *x g* for 25 minutes (Heraeus Megafuge 40R, Thermo Electron LED GmbH, Osterode, Germany). The supernatant extract was decanted, filtered through P-free filter paper (MACHEREY-NAGEL, MN 616 G) and frozen at -18°C until analysis. After decanting the final extract (HCl), the remaining soil in the centrifuge tubes was also frozen (-18°C) for chemical digestion at a later moment. For this, the frozen soil was transferred into Teflon pressure vessels, mixed with concentrated sulfuric acid (H_2SO_4, 96%, 5 mL) and hydrogen peroxide (H_2O_2, 30%, 2 mL), and heated to 210°C for 20 minutes in a microwave digestor (MARS-X-PRESS, CEM GmbH, Kamp-Lintfort, Germany). After digestion, the suspension was diluted, and filtered and frozen as described before.

In each extract, total P content (P_t) and inorganic P content (P_i) were measured. P_t was determined by inductively coupled plasma optical emission spectrometry (ICP-OES, Arcos FHE, SPECTRO Analytical Instruments GmbH, Kleve, Germany) according to *Vu* et al. (2009). The P_i content of the extracts was measured photometrically at 880 nm (SKALAR 4000, Skalar Analytical B.V., Breda, Netherlands) using the molybdenum blue method (*Murphy* and *Riley*, 1962). The organic P contents (P_o) of the H_2O, $NaHCO_3$ and NaOH extracts, respectively, were calculated as the difference of P_t - P_i. In HCl and H_2SO_4 extracts, this difference was close to zero, thus in these fractions separations of P_i and P_o are not shown.

According to the extraction solution used, P-fractions are denominated as H_2O-P_i, H_2O-P_o, $NaHCO_3$-P_i, $NaHCO_3$-P_o, NaOH-P_i, NaOH-P_o, HCl-P, H_2SO_4-P in the following.

2.3 EUF extraction and determination of pH

In addition to P fractionation, EUF extractable soil P was determined. While extracting the soil by EUF (EUF 2000, HEITEC AG, Erlangen, Germany), two fractions were distinguished and captured separately. The first fraction was extracted for 30 minutes at 20°C soil suspension temperature, voltage was set to a maximum of 200 V and current to a maximum of 15 mA. For the second fraction, the soil suspension was heated up to 80°C, voltage and current were increased up to 400 V and 150 mA for 5 minutes (*VDLUFA*, 2002). The processes in the EUF extraction cell were described by *Németh* (1979; 1976). The inorganic P of the EUF extracts was analyzed using just the same equipment and photometric method as described for the extracts of the sequential extraction.

The pH of the soil was measured in $CaCl_2$ solution (*VDLUFA,* 1991; 0.01 *M*, 10 g $(25\ ml)^{-1}$).

2.4 Statistical Analysis

For the statistical analysis, the soils and respective trials were combined to environments (Erfurt-1, Erfurt-2, Göttingen-2, Göttingen-3, Ochsenfurt-3). Environment, incubation period and additive as well as their interactions were regarded as fixed effects in a three way ANOVA using the MIXED procedure (*Littell* et al., 1996) of the software package SAS® 9.3 (SAS Institute Inc., Cary, US-NC). The interaction replication x trial was assumed as random in the model.

The effect of the additives is shown as arithmetic mean of the replicates, incubation periods and environments (n = 39). There was no relevant effect of incubation period, additive x incubation period, additive x environment or incubation period x environment, therefore, these effects will not be presented in the following. Normal distribution of the residuals was tested using the SAS procedure UNIVARIATE. The individual means were compared using the Tukey-Test within the LSMEANS statement ($p \leq 0.01$), significant differences were indicated by the macro PDMIX800 (*Saxton*, 1998). The graphic presentations were created with Sigma Plot 11.0 (Systat Software Inc., Chicago, US-IL).

3 Results

3.1 EUF-Ca and pH of the soil

Applying CaO and NaOH significantly increased the soil pH from 7.0 in the untreated control up to 9.0 in the CaO-high and to 8.0 in the NaOH treatment (Table 3). Calcium sulfate application did not affect the soil pH. Increasing doses of CaO or $CaSO_4$ significantly increased the EUF extractable Ca contents of the soil in the first and second EUF fraction (Table 3). NaOH application significantly decreased EUF-Ca in the first fraction, while the second fraction was not affected, compared to the control.

***Table 3:** Effect of additives applied in low, medium and high dose to the soil on pH and EUF extractable calcium content (fraction 1: F1, fraction 2: F2, total). Different letters in rows indicate significant differences between treatment means at $p \leq 0.01$ (Tukey-Test; 5 environments, 4, 8 weeks incubation, n = 39).*

	Control	CaO			$CaSO_4$			NaOH
		Low	Medium	High	Low	Medium	High	Low
pH [ ]	7.0^{e}	7.7^{d}	8.2^{b}	9.0^{a}	6.9^{e}	7.0^{e}	6.9^{e}	8.0^{c}
Ca_{EUF-F1}	29^{e}	45^{de}	53^{d}	90^{c}	103^{c}	263^{b}	514^{a}	4^{f}
Ca_{EUF-F2}	23^{e}	41^{d}	70^{b}	88^{a}	35^{d}	53^{c}	74^{b}	23^{e}
Ca_{EUF}	52^{f}	86^{e}	123^{d}	178^{c}	138^{d}	316^{b}	588^{a}	26^{g}

 # EUF-Ca content [mg (100 g DM soil)$^{-1}$], DM = dry matter

3.2 P fractions of the soil

The total P content of the untreated soils as given by the sum of all P fractions (Fig. 1) was highest in the Göttingen soil (88 mg (100 g DM soil)$^{-1}$) and lowest in the Ochsenfurt soil (61 mg (100 g DM soil)$^{-1}$), mainly due to differences in the $NaHCO_3$-P_i and NaOH-P_i fractions. The HCl-P and H_2SO_4-P differed only slightly between soils (about 17 and 29 mg (100 g DM soil)$^{-1}$, respectively). There were no relevant interactions between environments and additives (data not shown).

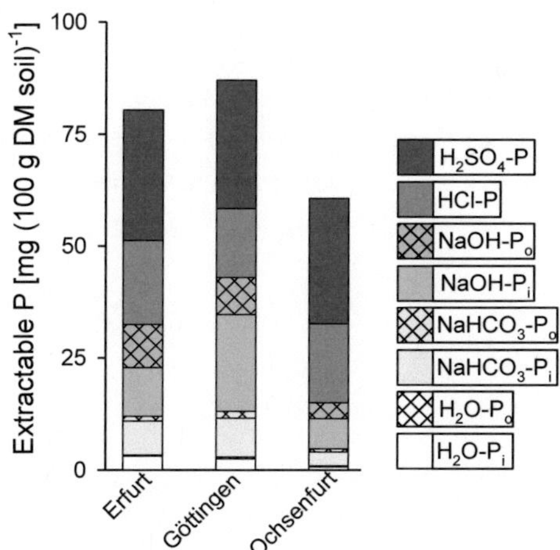

***Figure 1:** Phosphorus (P) contents of the sequential extractable P fractions water (H_2O), sodium bicarbonate ($NaHCO_3$), sodium hydroxide (NaOH), hydrochloric acid (HCl) and sulfuric acid (H_2SO_4) digestion (P_i – inorganic P, P_o – organic P) of the untreated soils Erfurt, Göttingen and Ochsenfurt (DM = dry matter).*

The portion of H_2O extractable P_i significantly increased after liming in low and medium dose; NaOH application increased H_2O-P_i by almost factor four compared to the control (Fig. 2a). Lime in high dose as well as increasing doses of $CaSO_4$ significantly decreased the portion of H_2O extractable P_i. Especially in CaO-high, the H_2O extractable P_o tended to increase. With regard to the total soil P, the portion of H_2O extractable P ranged between 3.4% and 12.6% in the control and NaOH treatment, respectively.

The portion of $NaHCO_3$-P_i significantly increased with increasing doses of CaO. CaO-high almost doubled the portion of P_i compared to the untreated control (Fig. 2b). Calcium sulfate, independently of the applied dose, slightly increased $NaHCO_3$-P_i compared to the control, while NaOH application decreased $NaHCO_3$ extractable P_i. The share of $NaHCO_3$ extractable P in the total soil P ranged between 19% (CaO-high) and 7% (NaOH-low).

Sodium hydroxide extractable P_i decreased with increasing doses of CaO or NaOH applied to the soil, while $CaSO_4$ application did not affect the portion of NaOH extractable P_i compared to the control (Fig. 2c). The NaOH-P_o tended to decrease after liming. To summarize, the portion of soil P extractable with NaOH ranged between 16% and 28% in CaO-high and the control, respectively.

There was no effect of the additives on the HCl-P (ca. 22%, Fig. 2d), and only a small but significant effect on H_2SO_4-P (ca. 38%; Fig. 2e).

The absolute total P content of soil was not affected by the additives and ranged between 78 and 80 mg (100 g soil)$^{-1}$ (Fig. 2f).

The labile P (H_2O-P + $NaHCO_3$-P) increased after application of increasing doses of CaO and NaOH, while this was balanced by decreasing NaOH-P in these treatments (Fig. 2f). Approximately 60% of the total soil P (HCl-, H_2SO_4-P) were not affected by the additives.

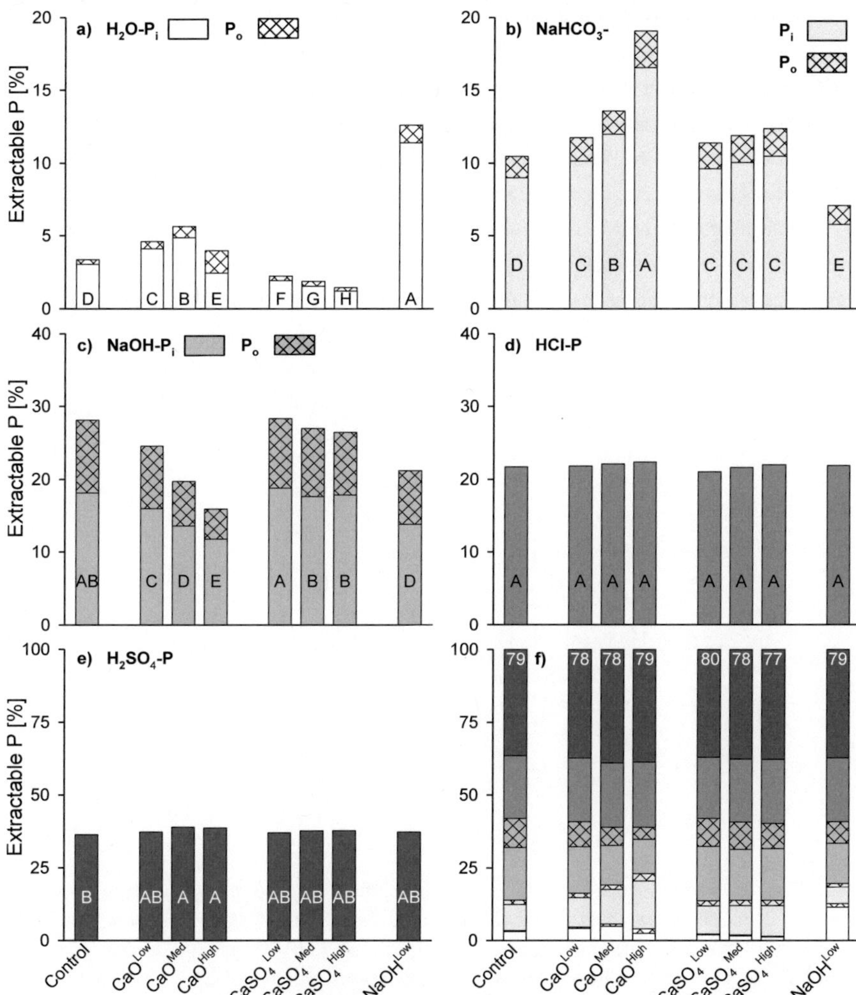

Figure 2: *Effect of the soil additives CaO, $CaSO_4$ and NaOH applied in low, medium and high dose on the relative portion of phosphorus (P) sequentially extracted with a) water, b) sodium bicarbonate, c) sodium hydroxide, d) hydrochloric acid, and e) sulfuric acid-digestion (P_i – inorganic, P_o – organic P). Figure f) shows each fraction as part of a stacked bar (100% = sum of a – e), and the absolute total P content of the treated soil (mg (100 g DM soil)$^{-1}$; under the top of each bar; DM = dry matter). Means (P_i) of additive treatments labeled with the same letter are not significantly different at $p \leq 0.01$ (Tukey-Test; 5 environments, n = 39).*

3.3 EUF extractable P content of the soil

The total EUF extractable P content of the soil significantly increased compared to the control after adding low and medium doses of CaO, but decreased in CaO-high (Fig. 3). While in low dose liming increased the first EUF-P fraction, higher doses of CaO caused a significant decrease of P in this fraction compared to CaO-low. In CaO-medium the second EUF-P fraction increased compared to CaO-low, and balanced the decrease in the first fraction. Sodium hydroxide application caused a significant increase and the highest total EUF-P content, due to increasing P contents in the first and second EUF fraction. Calcium sulfate in all doses significantly decreased EUF extractable P of the first fraction and in total, compared to the control; P of the second EUF fraction increased like in all other treatments.

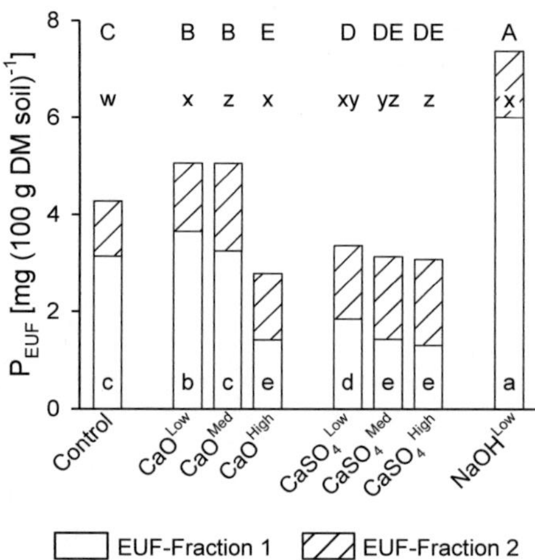

Figure 3: *Effect of the soil additives CaO, $CaSO_4$ and NaOH applied in low, medium and high dose on the EUF extractable phosphorus (P) content in the first and second EUF fraction. For the effects of additive treatments, means of EUF-P contents in the first (lowercase: a – e) and second (lowercase: w – z) fraction and total extracted P (fraction 1 + fraction 2; uppercase) labeled with the same letter are not significantly different at $p \leq 0.01$ (Tukey-Test; 5 environments, n = 39; DM = dry matter).*

3.4 Relationship between sequentially extracted P fractions and EUF-P

Phosphorus of the first EUF fraction correlated positively and very closely (r = 0.91) with P_i of the water fraction (Table 4). With a regression coefficient of 1.4, the ratio of this relation was close to 1:1 (Fig. 4). Similarly, close correlations were found between total EUF-P and H_2O-P_i and H_2O-P_{i+o}, respectively (Table 4). For the second EUF-P fraction, the correlations were less tight, the coefficients of correlation achieved maximum values of r = 0.50 and r = 0.53 for

$NaHCO_3$-P_{i+o} and NaOH-P_{i+o}, respectively. The correlation coefficient of labile P_i (H_2O-P_i + $NaHCO_3$-P_i) was highest for total EUF-P (r = 0.59).

Table 4: *Pearson's coefficient of correlation for EUF extractable P (fraction 1: F1, fraction 2: F2, total) and the fractions of sequentially extracted P (modified Hedley extraction, P_i – inorganic P, P_o – organic P; n = 312; underlined coefficients are significant at $p \leq 0.001$).*

	P_{EUF-F1}	P_{EUF-F2}	P_{EUF}
H_2O-P_i[#]	<u>0.91</u>	0.08	<u>0.89</u>
H_2O-P_o[#]	0.17	0.05	0.17
H_2O-P_{i+o}	<u>0.88</u>	0.08	<u>0.86</u>
$NaHCO_3$-P_i	-0.15	<u>0.48</u>	-0.01
$NaHCO_3$-P_o	-0.05	<u>0.28</u>	0.03
NaHCO3-P_{i+o}	-0.15	<u>0.50</u>	0.00
∑H_2O,$NaHCO_3$-P_i	<u>0.48</u>	<u>0.46</u>	<u>0.59</u>
∑H_2O,$NaHCO_3$-P_{i+o}	<u>0.43</u>	<u>0.47</u>	<u>0.54</u>
NaOH-P_i	0.08	<u>0.53</u>	<u>0.22</u>
NaOH-P_o	<u>0.23</u>	<u>0.40</u>	<u>0.33</u>
NaOH-P_{i+o}	0.13	<u>0.53</u>	<u>0.28</u>
HCl-P	-0.03	<u>-0.29</u>	-0.11
H_2SO_4-P	0.11	0.16	0.15

[#] *P_i - inorganic P, P_o - organic P*

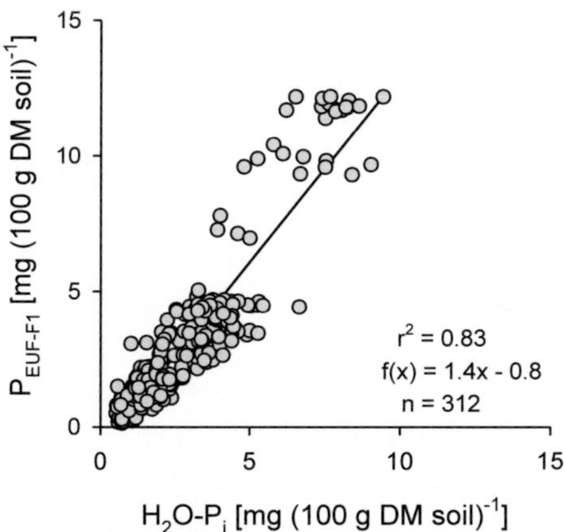

Figure 4: *Linear regression between water extractable inorganic phosphorus (P_i) and first EUF fraction extractable P of the loess soils investigated.*

4 Discussion

Our study aimed to examine whether liming affects soil P fractions on loess soils with a pH close to 7 and low in Ca. Although the investigated soils differed in their initial P content, especially in their labile P (H_2O-P + $NaHCO_3$-P), the effect of the respective additives on the P fractions was very similar in all soils. Thus, there were no relevant interactions between environment and additive, therefore, the effect of the additives was shown as the mean across all tested environments. All soils had a considerable Fe/Al-P pool (17% – 34% NaOH-P) despite an initial pH close to 7, which at least partly confirmed the first part of our hypothesis, that the Fe/Al-P pool was a substantial and relevant fraction in these soils. The sequentially extracted soil P contents were similar to those determined by P fractionations of other loess soils (*Piegholdt* et al., 2013).

Application of increasing doses of CaO and $CaSO_4$ increased EUF extractable Ca. While in the second EUF fraction of the respective doses, the Ca contents increased in a similar way with both forms of Ca, the first fraction showed quite different reaction, i.e. the high dose of CaO caused a similar increase in Ca content as the low dose of $CaSO_4$ which cannot be explained at this moment. As expected, $CaSO_4$ application did not affect the soil pH, while CaO and NaOH led to an increase.

Increasing doses of $CaSO_4$ induced significant decreases in H_2O-P_i, the first EUF-P fraction and total EUF-P. There was no significant increase in any other P fraction of the sequential extraction that could have balanced the decreasing H_2O-P_i, only $NaHCO_3$-P_i tended to increase with increasing doses of $CaSO_4$. The second EUF-P fraction significantly increased in $CaSO_4$ treatments, possibly due to the slight increase in $NaHCO_3$-P_i, which could at least partly be determined by EUF. A reduction of water soluble P after $CaSO_4$ application to agricultural soils in incubation and leaching experiments was reported before (*Anderson* et al., 1995; *O'Connor* et al., 2005; *Uusitalo* et al., 2012; *Zhu* and *Alva*, 1994). In several studies, precipitation of P as sparingly soluble Ca-P explaining a decrease in water soluble P after Ca application has often been anticipated (*Sanchez* and *Uehara*, 1980; *Zhu* and *Alva*, 1994). However our investigations do not confirm this view, as neither after 8 weeks incubation time nor after 72 weeks as realized in another experiment such increase in sparingly soluble Ca-P (HCl extractable P) was found (data of 72 weeks not shown).

The P fractions were highly affected by the application of the pH increasing additives CaO and NaOH. H_2O-P_i as well as EUF extractable P, especially in the first fraction, considerably increased after low and medium lime application as well as after NaOH application. Only the addition of high doses of CaO decreased the H_2O-P_i and EUF-P. Over all, a close correlation between first fraction EUF P and H_2O-P_i was found.

Increasing doses of CaO significantly increased $NaHCO_3$-P_i. The increase in labile P (H_2O-P + $NaHCO_3$-P) with increasing doses of applied CaO found a nearly perfect match with the significant decrease in NaOH-P. The treatments NaOH-low and CaO-medium, which had a similar effect on soil pH, led to an equivalent increase in labile P_i and an equivalent decrease in NaOH-P_i. These results show, that P in the Fe/Al-P pool determined by NaOH extraction was mobilized after pH increase caused by CaO and NaOH application to the soil. This is consistent with common concepts of P dynamics in acid soils (*Haynes*, 1982; *Scheffer* and *Schachtschabel*, 2010) and confirms the second part of our hypothesis, that an increase of the pH of the tested loess soils induced a P release from Fe/Al-P although the initial pH was close to neutral.

In contrast to CaO treatments, which induced a much larger increase in $NaHCO_3$-P_i than in H_2O-P_i, the application of NaOH considerably increased the H_2O-P_i fraction only. Thus after liming, the moderate increase in H_2O-P_i but high increase in $NaHCO_3$-P_i must be the result of the Ca ions simultaneously applied with CaO. Therefore we assume that after liming, the substantial transformation of mobilized Fe/Al-P (NaOH-P) into $NaHCO_3$-P_i was very likely due to an adsorption of P to Ca^{2+} which by themselves had been adsorbed by negatively charged surfaces (*Barrow*, 1984; *Haynes*, 1982). The increasing adsorption of mobilized P was stimulated by increasing Ca contents in the soil due to the increasing amounts of applied CaO. This assumption is confirmed by the NaOH treatments, where no Ca was applied, and where mobilized Fe/Al-P was completely converted into the H_2O-P fraction. Additionally, large amounts of monovalent Na^+ ions in conjunction with high soil pH in NaOH treatments decreased the Ca-driven sorption of P (*Barrow, 1984*) as indicated by the decreased $NaHCO_3$-P_i compared with the control.

However, neither the increase in soil pH nor the application of Ca nor a combination of both affected the HCl-P. Thus, there are no indications for any formation of sparingly soluble Ca-P induced by CaO or $CaSO_4$ application, either after four and eight weeks incubation, or after 72 weeks as investigated in a previous experiment (data not shown). So, this finding refutes the common conception and also the third hypothesis of our study, that liming arable soils at relatively high pH would cause precipitation of sparingly soluble Ca-P.

In summary, our results show that an increase in soil pH induced a P transfer from the Fe/Al-P pool. Whether this P was transferred into H_2O-P or $NaHCO_3$-P was mainly dependent on the amount of Ca being added simultaneously.

The relation between EUF-P of the first fraction and H_2O-P_i was very close, independently of the additives. Additionally, both methods extracted nearly the same absolute amounts of P from the soil, resulting in a relationship close to 1:1. Similarly *Németh* (1982) found a close relation between EUF-P and water extractable P. This close relation is obvious, because the EUF extraction is based on the use of de-ionized water. However, the EUF extraction is 32 times faster than the Hedley extraction of H_2O-P_i (0.5 : 16 hours). The amounts of P recovered in other sequentially extracted fractions, especially in $NaHCO_3$-P_i, did not match with EUF as well, although the second EUF fraction was extracted at higher voltage and current. Presumably these conditions may have caused a partial desorption of NaOH-P_i and $NaHCO_3$-P_i which concealed differences between both pools. Consequently, correlations of the second fraction EUF-P with any other P fraction determined by sequential extraction were much weaker than the correlation of first fraction EUF-P with H_2O-P_i. Nevertheless, the second fraction EUF-P was slightly related to $NaHCO_3$-P_i and NaOH-P_i, indicating that the second EUF fraction actually determines long-term releasable P species as described by *Németh* (1985).

Sequentially extracted P_o and P_i seemed to show a similar reaction to increasing pH. At least liming tended to decrease NaOH-P_o, which converted to the $NaHCO_3$ and H_2O fraction. The very poor correlation between P_o of any fraction and EUF-P might be explained by findings of *Steffens* et al. (2010), demonstrating that organic P is not properly determined by EUF.

To summarize, our incubation studies revealed increases in labile P after liming of loess soils at pH close to 7 and low in Ca content, which was caused by a P transfer from the Fe/Al-P pool in these soils. In order to give recommendations for agricultural practice, this finding has to be confirmed by studies in the field, where amounts of lime were applied that are common in practice, the incubation time is at least one growth period and rainfall and temperature variations may affect the P dynamics. Moreover, the fractionation of a wide range of soils after liming is required before allowing to generalize the effects obtained in our study.

5 Conclusions

Our study showed, that increasing the soil pH of loess soils with initial pH close to 7 and low Ca content, increases the labile P pool of the soils, due to a mobilization of Fe/Al-P as found in the NaOH extractable P_i of the soil (on average 26% of the total soil P). Whether the mobilized P was transferred into H_2O-P or $NaHCO_3$-P depends on the amount of Ca being added simultaneously.

Neither the increase in soil pH nor the application of Ca nor the combination of both affected the sparingly soluble Ca-P as extracted by HCl.

The relation between first fraction EUF-P and H_2O-P_i was very close, thus the amount of very labile and easily soluble and exchangeable P is well predictable by the EUF extraction. Presumably, the consideration of adsorbed P due to high Ca contents of the soil could improve the prediction of the amount of long-term releasable P by the second EUF fraction.

In addition to field experiments validating our results, for the general understanding of the P dynamics after liming more soils with greater variation in properties e.g. in texture or Ca content should be examined by P fractionation after liming.

Acknowledgements

This publication is part of a project funded by the EUF-Arbeitsgemeinschaft, Bodengesundheitsdienst GmbH, Südzucker AG Mannheim/Ochsenfurt and K+S KALI

GmbH. The great technical assistance of the staff of the Agronomy Department of the Institute of Sugar Beet Research is gratefully acknowledged.

References

Alt, F., Oelmann, Y., Herold, N., Schrumpf, M., Wilcke, W. (2011): Phosphorus partitioning in grassland and forest soils of Germany as related to land-use type, management intensity, and land use-related pH. *J. Plant Nutr. Soil Sci.* 174, 195–209.

Anderson, D., Tuovinen, O., Faber, A., Ostrokowski, I. (1995): Use of soil amendments to reduce soluble phosphorus in dairy soils. *Ecol. Eng.* 5, 229–246.

Barrow, N. J. (1984): Modelling the effects of pH on phosphate sorption by soils. *J. Soil Sci.* 35, 283–297.

Brookes, P. C., Mattingly, G. E. G., White, R. P., Mitchell, J. D. D. (1983): Relationships between labile-P, $NaHCO_3$-soluble P, and mobilisation of non-labile P in soils treated with inorganic phosphate fertilisers and organic manures. *J. Sci. Food Agr.* 34, 335–344.

Chang, S. C., Jackson, M. L. (1957): Fractionation of Soil Phosphorus. *Soil Sci.* 84, 133–144.

Cross, A. F., Schlesinger, W. H. (1995): A literature review and evaluation of the Hedley fractionation: Applications to the biogeochemical cycle of soil phosphorus in natural ecosystems. *Geoderma* 64, 197–214.

Delgado, A., Torrent, J. (2000): Phosphorus forms and desorption patterns in heavily fertilized calcareous and limed acid soils. *Soil Sci. Soc. Am. J.* 64, 2031–2037.

Finck, A. (1979): Dünger und Düngung: Grundlagen und Anleitung zur Düngung der Kulturpflanzen. Verlag Chemie, Weinheim.

Geisseler, D., Linsler, D., Piegholdt, C., Andruschkewitsch, R., Raupp, J., Ludwig, B. (2011): Distribution of phosphorus in size fractions of sandy soils with different fertilization histories. *J. Plant Nutr. Soil Sci.* 174, 891–898.

Haynes, R. J. (1982): Effects of liming on phosphate availability in acid soils. *Plant Soil* 68, 289–308.

Hedley, M. J., Stewart, J. W. B., Chauhan, B. S. (1982): Changes in Inorganic and Organic Soil Phosphorus Fractions Induced by Cultivation Practices and by Laboratory Incubations1. *Soil Sci. Soc. Am. J.* 46, 970–976.

Jalali, M., Sajadi Tabar, S. (2011): Chemical fractionation of phosphorus in calcareous soils of Hamedan, western Iran under different land use. *J. Plant Nutr. Soil Sci.* 174, 523–531.

Johnson, A. H., Frizano, J., Vann, D. R. (2003): Biogeochemical implications of labile phosphorus in forest soils determined by the Hedley fractionation procedure. *Oecologia* 135, 487–499.

Kurmies, B. (1971): Zur Fraktionierung der Bodenphosphate. *Phosphorsäure* 29, 118–151.

Lemme, H., Koch, H.-J., Horn, D., Märländer, B. (2013): Einfluss einer Kalkung auf EUF-extrahierbares Phosphor, Kalium und Bor im Boden und deren Pflanzenverfügbarkeit in Gefäßversuchen mit Zuckerrüben. *Sugarind.* (in press).

Littell, R. C., Milliken, G. A., Stroup, W. W., Wolfinger, R. (1996): SAS system for mixed models. SAS Institute Inc, Cary, N.C.

Machold, O. (1963): Über die Bindungsform des „labilen" Phosphats im Boden. *Z. Pflanz. Dung. Bodenkd.* 103, 132–138.

Munk, H. (1973): Zur Umwandlung von Phosphaten im Boden. *Z. Pflanz. Bodenkd.* 135, 112–120.

Murphy, J., Riley, J. P. (1962): A modified single solution method for the determination of phosphate in natural waters. *Anal. Chim. Acta* 27, 31–36.

Negassa, W., Leinweber, P. (2009): How does the Hedley sequential phosphorus fractionation reflect impacts of land use and management on soil phosphorus: A review. *J. Plant Nutr. Soil Sci.* 172, 305–325.

Németh, K. (1976): Die effektive und potentielle Nährstoffverfügbarkeit im Boden und ihre Bestimmung mit Elektro-Ultrafiltration (EUF). Habilitation thesis, Gießen.

Németh, K. (1979): The availability of nutrients in the soil as determined by electro-ultrafiltration (EUF). *Adv. Agron.* 31, 155–188.

Németh, K. (1982): Electro-ultrafiltration of aqueous soil suspension with simultaneously varying temperature and voltage. *Plant Soil* 64, 7–23.

Németh, K. (1985): Recent advances in EUF research (1980–1983). *Plant Soil* 83, 1–19.

Németh, K., Bartels, H., Heuer, C., Ziegler, K. (1989): Lime requirement exactly determined by EUF. *Sugarind.* 114, 336–338.

O'Connor, G., Brinton, S., Silveira, M. (2005): Evaluation and selection of soil amendments for field testing to reduce P losses. *Soil Crop Sci. Soc. Fl.* 64, 22–34.

Pavinato, P. S., Merlin, A., Rosolem, C. A. (2009): Phosphorus fractions in Brazilian Cerrado soils as affected by tillage. *Soil Till. Res.* 105, 149–155.

Piegholdt, C., Geisseler, D., Koch, H.-J., Ludwig, B. (2013): Long-term tillage effects on the distribution of phosphorus fractions of loess soils in Germany. *J. Plant Nutr. Soil Sci.* 176, 217–226.

Sanchez, P. A., Uehara, G. (1980): Management Considerations for Acid Soils with High Phosphorus Fixation Capacity, in Khasawneh, F. E., Sample, E. C., Kamprath, E. J.: The Role of Phosphorus in Agriculture. American Society of Agronomy, Madison, Wisconsin, pp. 471–514.

Saxton, A. (1998): A macro for converting mean separation output to letter groupings in Proc Mixed. *Proc. 23rd SAS Users Group Int.*, 1243–1246.

Schachtschabel, P., Heinemann, G. (1964): Beziehungen zwischen P-Bindungsart und PH-Wert bei Lößböden. *Z. Pflanz. Dung. Bodenkd.* 105, 1–13.

Scheffer, F., Schachtschabel, P. (2010): Lehrbuch der Bodenkunde. 16th ed., Spektrum, Akademischer Verlag, Heidelberg, Berlin.

Sommer, G. (1966): Untersuchungen zur Fraktionierung des anorganischan Phosphats im Boden. *Z. Pflanz. Dung. Bodenkd.* 113, 215–226.

Steffens, D., Leppin, T., Luschin-Ebengreuth, N., Min Yang, Z., Schubert, S. (2010): Organic soil phosphorus considerably contributes to plant nutrition but is neglected by routine soil-testing methods. *J. Plant Nutr. Soil Sci.* 173, 765–771.

Tiessen, H., Moir, J. O. (1993): Characterization of Available P by Sequential Extraction, in Carter, M. R.: Soil Sampling and Methods of Analysis. Lewis Publishers pp. 75–86.

Uusitalo, R., Ylivainio, K., Hyväluoma, J., Rasa, K., Kaseva, J., Nylund, P., Pietola, L., Turtola, E. (2012): The effects of gypsum on the transfer of phosphorus and other nutrients through clay soil monoliths. *Agric. Food Sci.* 21, 260–278.

VDLUFA (2002): Bestimmung der durch Elektro-Ultrafiltration (EUF) lösbaren Anteile von Phosphor, Kalium, Calcium, Magnesium, Natrium, Schwefel und Bor, A 6.4.2, in VDLUFA Methodenbuch Band 1: Die Untersuchung von Böden. VDLUFA-Verlag, Darmstadt.

VDLUFA (1991): Bestimmung des pH-Wertes, A 5.1.1, in VDLUFA Methodenbuch Band 1: Die Untersuchung von Böden. VDLUFA-Verlag, Darmstadt.

Vu, D. T., Tang, C., Armstrong, R. D. (2009): Transformations and availability of phosphorus in three contrasting soil types from native and farming systems: A study using fractionation and isotopic labeling techniques. *J. Soils Sediments* 10, 18–29.

Werner, W. (1970): Untersuchungen zur Pflanzenverfügbarkeit des durch langjährige Phosphatdüngung angereicherten Bodenphosphats. 1. Mitteilung: Die Verfügbarkeit der Umwandlungsprodukte in sauren Böden. *Z. Pflanz. Bodenkd.* 126, 135–150.

Wilke, B.-M. (2005): Water-Holding Capacity, in Margesin, R., Schinner, F.: Manual for soil analysis: monitoring and assessing soil bioremediation. Springer, Berlin, New York.

Zhu, B., Alva, A. K. (1994): The effect of gypsum amendment on transport of phosphorus in a sandy soil. *Water Air Soil Poll.* 78, 375–382.

V Ausblick – Nachhaltige Produktivitätssteigerung durch Erhöhung der P-Effizienz

Aufbauend auf dem Konzept der Nachhaltigkeit, in dem ökonomische, ökologische und soziale Aspekte bei der landwirtschaftlichen Produktion Berücksichtigung finden sollen (*Christen*, 1999), sieht eine nachhaltige Produktivitätssteigerung die ganzheitliche Betrachtung aller in der Produktion beanspruchten Ressourcen (z. B. Arbeitskraft, finanzielles Kapital, Boden, Wasser, Energie, Biodiversität und Klima) sowie externer Effekte als Input vor und setzt diese in Relation zur damit produzierten Output-Menge (*Bauhus* et al., 2012). Eine nachhaltige Produktivitätssteigerung kann erzielt werden, wenn mit gleichem Input an Ressourcen mehr Output (z. B. Ertrag), mit geringerem Input ein konstanter Ertrag oder mit geringerem Input ein höherer Ertrag erzielt werden kann (Abb. 1).

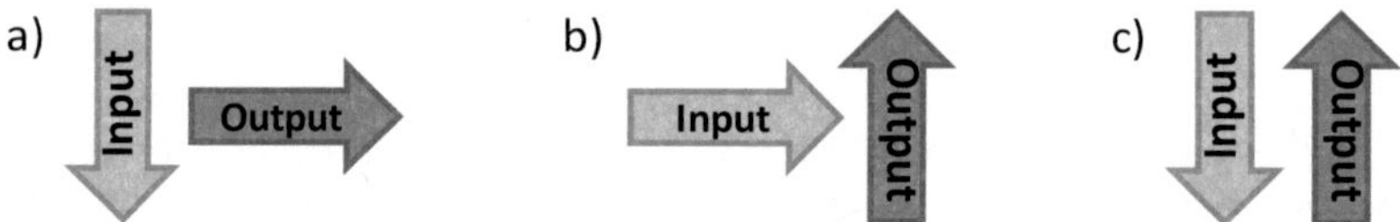

Abb. 1: *Möglichkeiten einer nachhaltigen Produktivitätssteigerung: a – geringerer Input bei konstantem Output (Ertrag), b – konstanter Input bei höherem Output, c – geringerer Input bei höherem Output.*

Während die Ausrichtung der deutschen und europäischen Agrarpolitik vor dem Hintergrund einer nachhaltigen Entwicklung die Produktivität der Landwirtschaft zugunsten ökologischer und sozialer Aspekte vernachlässigt (*Kirschke* et al., 2011), stellt das Konzept der nachhaltigen Produktivitätssteigerung die Ressourceneffizienz in den Mittelpunkt. Einen ähnlichen Ansatz verfolgt die von der *Royal Society* (2009) formulierte nachhaltige Intensivierung, wobei dieser Begriff eine vermeintliche Erhöhung des Inputs suggerieren könnte.

Die bedarfsgerechte Ernährung landwirtschaftlicher Kulturpflanzen durch die Zufuhr von Düngemitteln ist notwendig, da es andernfalls langfristig zum Rückgang der Nährstoffgehalte des Bodens unter die für die Pflanze zur optimalen Ertragsbildung notwendigen Gehalte des Bodens kommt. Ein Ertragsrückgang hätte eine verringerte Flächennutzungseffizienz (Output pro Flächeneinheit) zur Folge und würde den Bedarf an Fläche zur Erzielung konstanter Erntemengen erhöhen. Dies sollte sowohl vor dem Hintergrund einer globalen, bis 2050 um 70 – 100% steigenden Nachfrage nach Nahrungsmitteln (*Godfray* et al., 2010) als auch mit Blick auf die weltweit nur begrenzt zur Verfügung stehende landwirtschaftliche Nutzfläche und die negativen ökologischen Folgen eines Flächennutzungswandels (*Foley* et al., 2011) vermieden werden.

Im Folgenden soll das Konzept der nachhaltigen Produktivitätssteigerung am Beispiel der Ernährung von Zuckerrüben als wesentlicher Inputfaktor bei deren Produktion und insbesondere der Phosphor- (P) Effizienz verdeutlicht werden.

Die P-Effizienz lässt sich in Abhängigkeit der jeweilig betrachteten Größen verschiedenartig definieren. So bezeichnet die P-Verwertungs- bzw. -Ausnutzungs-Effizienz in der Regel die Relation zwischen dem Ertrag und der aufgenommenen P-Menge [kg Ertrag (kg $P_{Aufnahme})^{-1}$], die Aneignungs-Effizienz die Menge an aufgenommenem P im Verhältnis zu dem zur Verfügung stehenden P [kg $P_{Aufnahme}$ (kg $P_{Angebot})^{-1}$]. Durch Multiplikation beider Parameter kann die „allgemeine“ P-Effizienz [kg Ertrag (kg $P_{Angebot})^{-1}$] beschrieben werden (*Haas* und *Friedt*, 1990). Darüber hinaus kann der Ertrag auch in Relation zum gedüngten P betrachtet werden (P-Dünge-Effizienz [kg Ertrag (kg $P_{Düngung})^{-1}$].

Phosphor ist ein essentieller Nährstoff für die Pflanze und liegt natürlicherweise sowohl in anorganischer als auch in organischer Form stets in seiner höchsten Oxidationsstufe als Orthophosphat bzw. Orthophosphat-Ester vor (*Bergmann*, 1993; *Scheffer* und *Schachtschabel*, 2010). Die außerordentliche Bedeutung des P liegt in seiner zentralen Rolle als Bestandteil der Nukleinsäuren (DNA, RNA) und als universeller Energieträger (AMP, ADP, ATP) lebender Zellen. Darüber hinaus kommt P in allen Lebewesen in Phospholipiden (Membranen) und Phosphoproteinen und als Apatit in Kochen und Zähnen der Wirbeltiere vor (*Bergmann*, 1993; *Scheffer* und *Schachtschabel*, 2010).

Da P durch keinen anderen Nährstoff substituiert werden kann, reagieren Pflanzen auf P-Mangel zunächst mit verminderter Zellteilung und so mit einer Hemmung bzw. der Einstellung des Wachstums (*Bergmann*, 1993). Bevor die Pflanze, aufgrund von P-Mangel, mit den älteren Blättern beginnend abstirbt, verfärben sich diese nach dunkel- bis matt-grün mit daneben aufgrund von Anthocyanbildung rötlichen bis purpurroten Verfärbungen (*Bergmann*, 1993; *Mengel*, 1984). Pflanzen mit P-Mangel zeigen in der Regel „Starrtracht“ (*Mengel*, 1984). Die analytisch bestimmbaren P-Gehalte von Zuckerrüben variieren je nach Pflanzenorgan und Entwicklungsstadium; im Blatt sollten sie über 0,3% in der Trockenmasse liegen (*Bergmann*, 1993).

Trotz der essentiellen Bedeutung des P für die Pflanze, ist der Bedarf landwirtschaftlicher Kulturen relativ gering. So zeigen Untersuchungen, dass infolge unterlassener P-Düngung die Boden-P-Gehalte erst nach 20 Jahren von etwa 25 mg CAL-P (100 g Boden)$^{-1}$ auf ca. 4 mg (100 g)$^{-1}$ zurückgingen; ohne dabei einen Rückgang der Weizen- bzw. Gerstenerträge verursacht zu haben (*Römer*, 2009). Diese Ergebnisse zeigen aber auch, dass eine langjährig nicht am Bedarf der Pflanze ausgerichtete P-Düngung entweder zu P-Mangel oder zu einer P-Anreicherung am jeweiligen Standort führt. So berichten *Fürstenfeld* (2013),

Heinitz et al. (2013) und *Zorn* et al. (2013) von negativen P-Bilanzen, insbesondere in Ackerbauregionen und infolgedessen von einem wachsenden Anteil an Ackerflächen in der Gehaltsklasse A, die aufgrund von P-Mangel nicht das Ertragspotential der Umwelt (Standort x Witterung) ausschöpfen können. Demgegenüber gibt es in weiten Teilen Europas Böden, in denen eine jahrelange, intensive P-Düngung über den Bedarf der Kulturen hinaus, zu einer P-Anreicherung führte (70 – 80% der Flächen: mittlere bis sehr hohe P-Gehalte, *Römer*, 2009). Negative Umweltwirkungen, wie die Eutrophierung von Gewässern, sind die Folge *(Ekardt* et al., 2011). Dabei stellt, im Gegensatz zum Nitrat (NO_3), nicht die Auswaschung von P ins Grundwasser ein Problem dar – schließlich ist die P-Konzentration der Bodenlösung aufgrund ausgeprägter Bindung und Sorption von P im Boden sehr gering (vgl. Kap. I 3) – sondern die Bodenerosion und hier insbesondere der Bodenabtrag der obersten Bodenschichten in angrenzende Gewässer. Vor diesem Hintergrund ist die Anreicherung der P-Vorräte in den obersten Zentimetern der Ackerfläche durch gänzlich unterlassene Bodenbearbeitung (No-Till- bzw. Direktsaat-Verfahren; *Piegholdt* et al., 2013), sollte es trotz der verringerten Erosionsgefährdung zur Bodenerosion kommen, als besonders kritisch zu bewerten.

Neben der Reduzierung des P-Austrages ist es die Endlichkeit der Rohphosphate, die eine Erhöhung der P-Effizienz notwendig macht. Etwa 80% der abgebauten Rohphosphate werden zur Herstellung von Mineraldüngern verwandt (*CEEP*, 1997 in *Römer*, 2009). Unter heutigen Rahmenbedingungen können diese fossilen P-Quellen den P-Bedarf für nur noch etwa 100 Jahre decken (*BMELV*, 2011). Alternative P-Quellen, wie z. B. das P-Recycling, stehen noch am Anfang ihrer Entwicklung und sind Gegenstand wissenschaftlicher Untersuchungen (*Appel*, 2010; *Römer*, 2006).

Um den Einsatz von P-Düngern so effizient wie möglich gestalten zu können, bedarf es allem voran einer möglichst präzisen und bedarfsorientierten Düngeempfehlung. Da diese auf der Untersuchung des Bodens basiert, ist die Bodenuntersuchung ein zentraler Baustein einer produktiven, ressourceneffizienten Landwirtschaft. Eine weitere Optimierung der Düngeempfehlung kann durch die Berücksichtigung eventueller Nährstoffantagonismen erzielt werden. So wird angenommen, dass eine hohe Calcium- (Ca) Gabe die P-Verfügbarkeit im Boden reduzieren kann, während eine pH-Anhebung auf versauerten Böden bis etwa pH 7 die P-Verfügbarkeit steigert (*Haynes,* 1982).

Die Ergebnisse der vorliegenden Arbeit zeigen jedoch, dass die Pflanzenverfügbarkeit von P und die P-Extrahierbarkeit mittels EUF infolge einer Kalkung von Lössböden mit Branntkalk trotz neutraler Ausgangs-pH-Werte der Böden anstiegen. Dieser Anstieg beruhte auf einer Mobilisierung von an Eisen- und Aluminiumoxiden sorbierten bzw. gebundenen Phosphaten. Eine Ausfällung schwerlöslicher Calciumphosphate durch mit dem Kalk zugeführtes Ca trat nicht auf. Dies verdeutlicht, dass die empfohlene zu düngende P-Menge durch die

Berücksichtigung einer ebenfalls empfohlenen Kalkung reduziert werden kann und so durch die Verringerung des Inputs (P-Dünger) bei konstantem Ertrag ein Beitrag zur nachhaltigen Produktivitätssteigerung geleistet werden könnte. Allerdings sind die aus Gefäßversuchen stammenden Erkenntnisse nicht ohne Weiteres ins Feld und in die Praxis übertragbar. Vielmehr tragen die Ergebnisse zum Verständnis der durch eine Kalkung verursachten Veränderungen in der EUF-Extrahierbarkeit und Pflanzenverfügbarkeit des Boden-P bei. Eine Optimierung der EUF-Düngeempfehlung kann nur nach Validierung der Effekte einer Kalkung im Feld unter praxisüblichen Bedingungen erfolgen. Aus den Feldversuchen von *Fischer* et al. (2013) wurde deutlich, dass eine praxisübliche Kalkung (3 t ha^{-1}) keinen wesentlichen Einfluss auf die Pflanzenverfügbarkeit des P für Zuckerrüben hatte. Da jedoch die Kalkung in Verbindung mit einer gleichzeitigen K-Düngung den Bereinigten Zuckerertrag (BZE) um etwa 0,3 t ha^{-1} steigerte, ohne dabei den Input an P-Dünger bzw. den P-Entzug durch die Rübe (20 kg P ha^{-1}) zu erhöhen, wurde auch hier eine nachhaltige Produktivitätssteigerung durch die Erhöhung der P-Ausnutzungs-Effizienz erzielt.

Eine Möglichkeit zur Steigerung der P-Dünge-Effizienz liegt in der Düngerapplikationstechnik. Es ist bekannt, dass der durch Diffusion für P überwindbare Transportweg zur Pflanzenwurzel extrem kurz ist; er reicht annähernd genauso weit um die Wurzel wie die mittlere Länge der Wurzelhaare (±1 mm; *Hendriks* et al., 1981; *Scheffer* und *Schachtschabel*, 2010). Folglich spielt die Durchwurzelungsintensität eine wesentliche Rolle für die P-Aufnahme der jeweiligen Kultur und deren P-Aneignungs-Effizienz. Früchte mit suboptimaler Standraumverteilung sollten demnach nicht durch flächige Ausbringung des Düngers mit P versorgt werden, da P-Reserven zwischen den Reihen, ungenutzt von der Kultur, nicht zur bedarfsgerechten Ernährung beitragen. Mögliche Lösungsansätze bieten die Unterfußdüngung sowie das Strip-Till-Verfahren durch eine direkt in die Reihe erfolgende Düngerapplikation. Mit Blick auf das steigende Aufkommen flüssiger Gärreste stellt eine präzise, reihengenaue Applikation von Nährstoffen organischer Dünger eine wesentliche technologische Verbesserung dar und könnte infolge einer deutlich effizienteren Verwertung der Wirtschaftsdünger ebenfalls zu einer Steigerung der P-Dünge-Effizienz führen. Die Novellierung der Düngeverordnung (DüV, 2012) sieht aber vordergründig N-emissionssenkende Maßnahmen (u.a. das Verbot nach oben abstrahlender Prallverteiler ab spätestens 2015) und weniger die aus Sicht der optimalen Versorgung der Pflanzen mit Nährstoffen präzise Düngerablage vor.

Einen indirekten Beitrag zur Steigerung der P-Effizienz kann die Pflanzenzüchtung durch kontinuierliche Steigerung der Erträge leisten. Hier ist besonders die Zuckerrübe hervorzuheben. *Römer* et al. (2004) konnten zeigen, dass der Bereinigte Zuckerertrag (BZE) einer langjährig nicht mit P gedüngten Parzelle von 80 dt ha^{-1} im Jahr 1988 auf 120 dt ha^{-1} im Jahr 2003 anstieg, während die CAL-P-Gehalte des Bodens in dieser Zeit von etwa 5 auf ca.

2,5 mg (100 g Boden)$^{-1}$ zurückgingen. Folglich konnte durch die Ertragssteigerung bei vermutlich annähernd konstanter P-Aufnahme der Rübe die P-Ausnutzungs-Effizienz und damit auch die allgemeine P-Effizienz der Zuckerrübe erheblich gesteigert werden.
Märländer et al. (2003) konnten zeigen, dass der Ertragsanstieg bei Zuckerrüben vor allem auf dem Anstieg des Rübenertrages bei annähernd konstantem Zuckergehalt und gleichhoher bzw. leicht sinkender Blattmasse basiert. Da trotz des gestiegenen Ertrags der Zuckerrübe die Produktionsintensität nicht erhöht wurde, konnte eine wesentlich verbesserte Nutzung der natürlichen Ressourcen und Produktionsfaktoren erzielt und folglich die Ressourceneffizienz im Zuckerrübenanbau gesteigert werden (*Märländer* et al., 2003). Aus *Fischer* et al. (2013) geht hervor, dass ein Anstieg des Bereinigten Zuckerertrages (BZE) zu einem leichten Rückgang der ohnehin niedrigen P-Gehalte in Rüben (von 1,08 auf 1,07 g (kg TM)$^{-1}$) führte, vermutlich infolge eines Verdünnungseffektes bei konstanter P-Aufnahme. In den kommenden Jahren ist ein weiterer Anstieg des BZE zu erwarten. Dies stellt infolge der steigenden Abfuhr an Zucker, nicht aber an P und anderer Ressourcen einen erheblichen Beitrag zur weiteren nachhaltigen Produktivitätssteigerung beim Anbau von Zuckerrüben in Aussicht.
Am Beispiel der bedarfsgerechten Ernährung von Zuckerrüben wird deutlich, dass der Anstieg des Ertrages (Output) eine wesentliche Größe zur Effizienzsteigerung darstellt. Da ein steigender Rübeertrag keine Erhöhung des Nährstoffinputs erfordert, lässt sich so neben der Flächeneffizienz auch die Nährstoffeffizienz steigern.
Dazu nimmt die Bodenuntersuchung eine Schlüsselrolle ein, da nur auf diesem Weg der für einen optimalen Ertrag notwendige Nährstoffbedarf der Pflanzen unter Berücksichtigung des gegenwärtigen Nährstoffversorgungszustandes des Bodens ermittelt und in einer präzisen, kulturspezifischen Düngeempfehlung ausgegeben werden kann. Hier ist die EUF-Bodenuntersuchung besonders interessant, da sie alle wesentlichen Makro- und Mikronährstoffe aus nur einer Bodenprobe in nur einem Extraktionsdurchgang erfassen kann.

VI Zusammenfassung

Eine ausreichende Calcium- (Ca) Versorgung von Ackerböden spielt insbesondere mit zunehmendem Tongehalt der Böden eine entscheidende Rolle, um neben der Ca-Ernährung der jeweiligen Kultur vor allem die Bodenstruktur durch Flockung der Tonminerale und Bildung von Ton-Humus-Komplexen zu erhalten bzw. zu verbessern. Dabei können auch Böden mit neutralem pH-Wert einen Kalkbedarf aufweisen. Ausgehend von den mit Kalk zugeführten Ca-Ionen einerseits und dem Anstieg des Boden-pH-Wertes durch Neutralisation von Protonen (H^+) andererseits, kann sowohl die Pflanzenverfügbarkeit als auch die Extrahierbarkeit verschiedener Nährstoffe im Boden beeinflusst werden.

Somit war es das Ziel dieser Studie, den Einfluss einer Kalkung auf die mittels Elektro-Ultrafiltration (EUF) extrahierbaren sowie die pflanzenverfügbaren Nährstoffe, insbesondere Phosphor (P), anhand verschieden toniger Lössböden mit pH-Werten von etwa 7 und niedrigen Ca-Gehalten zu quantifizieren. Dabei sollte die grundlegende Klärung der Kalkeffekte auf die P-Extrahierbarkeit und Pflanzenverfügbarkeit von P sowie die P-Bindungsformen im Boden einen Beitrag zur Optimierung der EUF Düngeempfehlung leisten.

In Gefäßversuchen wurde dem Boden Branntkalk (CaO) in drei Stufen (Niedrig, Mittel, Hoch) zugeführt, in weiteren Varianten auch Gips ($CaSO_4$) als pH neutralen Ca-Lieferanten bzw. Natronlauge (NaOH) zur pH-Anhebung. Die Böden wurden inkubiert (12 °C, 40% der Wasserhaltekapazität, u.a. für 4 bzw. 8 Wochen) und anschließend mittels EUF analysiert und im Gewächshaus als Substrat für die Testfrucht Zuckerrübe (Vegetationsdauer 8 Wochen) verwandt.

Durch Kalkung bzw. NaOH-Zugabe in niedriger Stufe stieg der pH-Wert der Böden von etwa 7,0 in der unbehandelten Kontrolle auf ca. 7,7 bzw. 8,0 und in der hohen Kalkstufe auf ca. 9,0. Der EUF extrahierbare Ca-Gehalt der Böden stieg durch Kalkgabe im Mittel von 52 auf 178 mg (100 g Boden)$^{-1}$ (Kalk-Hoch), durch Gips-Applikation wesentlich stärker auf etwa 588 mg (100 g Boden)$^{-1}$ in der hohen Stufe.

Durch Kalk- und NaOH-Applikation stieg der EUF extrahierbare P-Gehalt der Böden resultierend aus der pH-Anhebung an; bei niedriger und mittlerer Kalkgabe von 4 auf 5 mg (100 g Boden)$^{-1}$, bei niedriger NaOH-Gabe auf ca. 7,5 mg (100 g Boden)$^{-1}$. Dabei stieg in der niedrigen Kalk- und NaOH-Stufe vor allem der P-Gehalt der ersten EUF-Fraktion, wohingegen die hohe Kalk- und damit Ca-Gabe bzw. die Gabe von Gips zu einem deutlichen Rückgang der P-Gehalte in der ersten EUF-Fraktion und einem nur leichtem Anstieg von EUF-P der zweiten EUF-Fraktion führte und infolgedessen die Gesamt-EUF-P-Gehalte verringerte.

Die Fraktionierung des Boden-P mittels sequentieller Extraktion zeigte einen Anstieg des wasserlöslichen anorganischen P nach niedriger (und mittlerer) Kalk- und NaOH-Gabe und einen Rückgang in den Kalk-Hoch und Gips-Varianten. Folglich korrelierten EUF-P der ersten Fraktion und wasserlösliches P der sequentiellen Extraktion sehr eng miteinander (r^2 = 0,83); die dabei extrahierten absoluten P-Mengen beider Methoden waren sehr ähnlich, sodass der mittels EUF extrahierbare P der ersten Fraktion eindeutig dem wasserlöslichen P zuzuordnen ist. Der Rückgang des wasserlöslichen und EUF-extrahierbaren P in den Kalk-Hoch- und Gipsvarianten ging mit einem Anstieg des mit Natriumhydrogencarbonat ($NaHCO_3$) erfassten, ebenfalls labilen P einher. Auch in niedriger und mittlerer Kalkstufe lagen die $NaHCO_3$-P-Gehalte über denen der Kontrolle und der NaOH-Variante. Eine Erklärung hierfür könnte die Zunahme an schwach sorbiertem, leicht löslichem Ca-Phosphat (Ca-P) sein, hervorgerufen durch die mit Kalk und Gips zugeführten Ca-Ionen. Folglich fiel der Anstieg des wasserlöslichen P bei Kalkung in niedriger Stufe schwächer aus als bei Natronlauge-Zugabe, trotz der vergleichbaren pH-Werte in beiden Varianten. In der Summe beider labilen P-Fraktionen (H_2O + $NaHCO_3$) war der Anstieg durch Kalk- und Natronlauge-Applikation aber äquivalent. Er basierte, ebenso wie der weitere Anstieg des labilen P durch höhere pH-Werte infolge höherer Kalkgaben, auf einem Rückgang der sorbierten bzw. gefällten Eisen- und Aluminium-Phosphate (Fe-/Al-P). Trotz der neutralen Ausgangs-pH-Werte der Böden lagen bis zu 26% des Gesamt-Phosphates in Form von Fe-/Al-P vor. Eine Ausfällung von schwerlöslichen, HCl-extrahierbaren Ca-P nach Kalk- bzw. Gips-Gabe konnte nicht festgestellt werden.

Die P-Aufnahme der Zuckerrüben-Testpflanzen zeigte insbesondere für die Kalk-Hoch und die NaOH-Variante eine steigende Pflanzenverfügbarkeit des P an. Folglich war der aus dem Pool der Fe-/Al-P durch pH-Erhöhung mobilisierte P, unabhängig ob in der H_2O- (NaOH-Gabe) oder $NaHCO_3$-Fraktion (Kalk-Hoch) extrahiert, pflanzenverfügbar.

Während ein deutlicher Einfluss der Kalkung auf P festgestellt werden konnte, wurden die EUF extrahierbaren Kalium- (K) Gehalte des Bodens, ebenso wie die K-Gehalte der Pflanzen, nicht durch die Kalkgabe beeinflusst. Einzig Pflanzenverfügbarkeit von Bor (B), gemessen an B-Gehalt und B-Aufnahme der Testpflanzen, war mit steigender Kalkgabe rückläufig.

Die vorliegende Arbeit zeigt, dass eine Kalkung von Lössböden mit pH-Werten von etwa 7 und niedrigen Ca-Gehalten die Pflanzenverfügbarkeit von P zumindest im Versuchszeitraum steigerte. Trotzdem bedarf es zunächst der abschließenden Auswertung der Feldversuche, und der Verifizierung der in dieser Arbeit vorgestellten Ergebnisse unter praxisüblichen Bedingungen. Sollten sich die hier vorgestellten Ergebnisse bestätigen, ist eine Optimierung der EUF Düngeempfehlung durch die Berücksichtigung einer empfohlenen Kalkung in den empfohlenen P-Düngemengen möglich.

Literatur

Das Literaturverzeichnis mit den nachfolgend aufgeführten Literaturquellen bezieht sich auf die Kapitel I Einleitung und V Ausblick. Für die in den Kapiteln II Artikel 1, III Artikel 2 und IV Artikel 3 zitierte Literatur findet sich ein eigenständiges, nach den jeweiligen Vorgaben der entsprechenden Zeitschrift angefertigtes Literaturverzeichnis am Ende des jeweiligen Kapitels.

Appel, T. (2010): Pflanzenverfügbarkeit von Nährstoffen und Schwermetallen aus pyrolysiertem Klärschlamm. Projektbericht, Fachhochschule Bingen

Bauhus, J.; Christen, O.; Dabbert, S.; Gauly, M.; Heißenhuber, A.; Hess, J; et al. (2012): Stellungnahme des Wissenschaftlichen Beirats für Agrarpolitik beim Bundesministerium für Ernährung, Landwirtschaft und Verbraucherschutz: Ernährungssicherung und nachhaltige Produktivitätssteigerung. BMELV

Bechhold, H. (1925): “Elektro-Ultrafiltration.” Zeitschrift für Elektrochemie und angewandte physikalische Chemie 31, 496–497

Behr, G. (1949): Über die chemischen und physikalischen Vorgänge bei der Lactat-Methode. Zeitschrift für Pflanzenernährung, Düngung, Bodenkunde 47, 131–144

Bergmann, W. (1993): Ernährungsstörungen bei Kulturpflanzen: Entstehung, visuelle und analytische Diagnose. Fischer Verlag, Jena [u.a.]

BMELV (2011): Nachhaltiger Umgang mit der begrenzten Ressource Phosphor durch Recycling und Erhöhung der Phosphoreffizienz der Düngung. Bundesministerium für Ernährung, Landwirtschaft und Verbraucherschutz

CEEP (1997): Phosphate, European Chemical Industry Council, Centre d Études des Polyphosphates, in Römer, W., 2009, Ansätze für eine effizientere Nutzung des Phosphors auf der Basis experimenteller Befunde, Berichte über Landwirtschaft, 87, 5-30

Christen, O. (1999): Nachhaltige Landwirtschaft. Von der Ideengeschichte zur Praktischen Umsetzung. Institut für Landwirtschaft und Umwelt, Bonn.

CRP (2013): Richter Publizistik: Anstieg des globalen Bedarfs an Primärenergie, nach International Energy Agency (IEA) World Energy Outlook 2011, http://www.crp-infotec.de/08spezi/energie/energie_welt.html, am 11.09.2013

DüV (2012) Verordnung über die Anwendung von Düngemitteln, Bodenhilfsstoffen, Kultursubstraten und Pflanzenhilfsmitteln nach den Grundsätzen der guten fachlichen Praxis beim Düngen (Düngeverordnung - DüV)

Ehrenberg, P. (1920): Das Kalk-Kali-Gesetz: neue Ratschläge zur Vermeidung von Mißerfolgen bei der Kalkdüngung; gleichzeitig ein Versuch zur Aufklärung der nachteiligen Wirkung größerer Kalkgaben auf das Pflanzenwachstum. Parey, Berlin

EEG (2012): Gesetz für den Vorrang Erneuerbarer Energien (Erneuerbare-Energien-Gesetz – EEG)

Ekardt, F.; Holzapfel, N.; Ulrich, A. E.; Schnug, E.; Haneklaus, S. (2011): Legal perspectives on Regulating Phosphorus Fertilization. Landbauforschung, vTI Agriculture and Forestry Research, 2(61), 83-92

Elleder, H. (1930): I. Die Bodenforschung und ihre Bedeutung für die Praxis unter besonderer Berücksichtigung der P2O5 und der Methoden Neubauer und Lemmermann. Zeitschrift für Pflanzenernährung, Düngung, Bodenkunde 9, 145–161

Fischer, S.; Bürcky, K.; Koch, H.-J.; Märländer, B. (2013): Einfluss einer Kalkung auf EUF-extrahierbares Phosphor und Kalium im Boden sowie auf Nährstoffentzug, Ertrag und Qualität von Zuckerrüben bei differenzierter Kaliumdüngung in Feldversuchen. Sugar Industry /Zuckerind. 138, Sonderheft 11. Göttinger Zuckerrübentagung, 29–38

FNR (2013): Anbaufläche für nachwachsende Rohstoffe 2012, http://mediathek.fnr.de/grafiken /pressegrafiken/anbauflache-fur-nachwachsende-rohstoffe-2012-grafik.html, am 11.09.2013

Foley, J. A.; Ramankutty, N.; Brauman, K. A.; Cassidy E. S.; Gerber, J. S.; Johnston, M.; et al. (2011): Solutions for a cultivated planet. Nature 478, 337–342

Fürstenfeld, F. (2013): persönliche Mitteilung

Godfray, H. C. J.; Beddington, J. R.; Crute, I. R.; Haddad, L.; Lawrence, D.; Muir, J. F.; Pretty, J.; Robinson, S.; Thomas, S. M.; Toulmin, C. (2010): Food Security: The Challenge of Feeding 9 Billion People. Science 327, 812–818

Grass, K.; Budig, M. (1976): Kalkwirkung in Ackerlandversuchen. Landwirtschaftliche Forschung, Sonderheft 33/I, 95–105

Grimme, H.; von Braunschweig, L. C.; Németh, K. (1973): Beziehungen zwischen Kalium, Calcium und Magnesium bei Aufnahme und Ertragsbildung. Landwirtschaftliche Forschung, Sonderheft 30/II, 93–100

Haas, G.; Friedt, W. (1990): Ziele und Möglichkeiten der Züchtung nährstoffeffizienter Nutzpflanzen. Arbeitstagung der "Arbeitsgemeinschaft der Saatzuchtleiter" innerhalb der Vereinigung österr. Pflanzenzüchter, 20.-22.11. 1990, Bundesanstalt für alpenländ. Landwirtschaft Gumpenstein, Irdning, Österreich 21–37

Haynes, R. J. (1982): Effects of liming on phosphate availability in acid soils. Plant and soil 68, 289–308

Heinitz, F.; Farack, K.; Albert, E. (2013): Verbesserung der P Effizienz im Pflanzenbau. Sächsisches Landesamt für Umwelt, Landwirtschaft und Geologie, Dresden

Hendriks, L.; Claassen, N.; Jungk, A. (1981): Phosphatverarmung des wurzelnahen Bodens und Phosphataufnahme von Mais und Raps. Zeitschrift für Pflanzenernährung und Bodenkunde 144, 486–499

Herrmann, R. (1938): Die Anwendung neuzeitlicher Methoden bei den systematischen Bodenuntersuchungen und für die Einzelberatung. Bodenkunde und Pflanzenernährung 9, 10–14

Horn, D. (2006): Bestimmung von Mikronährstoffen und Schwermetallen in Böden mit dem Verfahren der Elektro-Ultrafiltration (EUF) durch Zugabe von DTPA / Determination of micronutrients and heavy metals in soils using electro–ultrafiltration (EUF) technique by addition of DTPA. Journal of Plant Nutrition and Soil Science 169, 83–86

Kirschke, D.; Häger, A.; Noleppa, S. (2011): Redicovering Productivity in European Agriculture: Theoretical Background, Trends, Global Perspectives, and Policy Option. HFFA Working Paper 02/2011, Humboldt Universität, Berlin.

Köttgen, P.; Diehl, R. (1929): Über die Anwendung der Dialyse und Elektro-Ultrafiltration zur Bestimmung des Nährstoffbedürfnisses des Bodens. Zeitschrift für Pflanzenernährung, Düngung, Bodenkunde 14, 65–105

Lemmermann, O.; Fresenius, L. (1927): Die Ermittelung des Düngungsbedürfnisses der Böden für Phosphorsäure mit Hilfe der Zitratmethode. Zeitschrift für Pflanzenernährung, Düngung, Bodenkunde 6, 163–178

Liebig, J. (1840): Die organische Chemie in ihrer Anwendung auf Agricultur und Physiologie. Verlag von Friedrich Vieweg und Sohn, Braunschweig

Liehr, O. (1928): Bisherige Ergebnisse der Verbilligungsaktion des Reiches für Boden-untersuchungen. Zeitschrift für Pflanzenernährung, Düngung, Bodenkunde 7, 201–206

Linkermann, G. (1928): Nachprüfung der Keimpflanzenmethode nach Neubauer und der Zitronensäuremethode nach Lemmermann. Zeitschrift für Pflanzenernährung, Düngung, Bodenkunde 7, 153–170

Machold, O. (1963): Über die Bindungsform des „labilen" Phosphats im Boden. Zeitschrift für Pflanzenernährung, Düngung, Bodenkunde 103, 132–138

Märlander, B.; Hoffmann, C.; Koch, H.-J.; Ladewig, E.; Merkes, R.; Petersen, J.; Stockfisch, N. (2003): Environmental Situation and Yield Performance of the Sugar Beet Crop in Germany: Heading for Sustainable Development. Journal of Agronomy and Crop Science 189, 201–226

Mengel, K. (1984): Ernährung und Stoffwechsel der Pflanze. Fischer Verlag, Stuttgart

Mitscherlich, E. A. (1924): Die Bestimmung des Düngerbedürfnisses des Bodens. P. Parey, Berlin

Molitor, H.; Münchhoff, K.; Pesch, J.; Pollehn, J.; Rex, M.; Rubenschuh, U.; et al. (2012): Hinweise zur Kalkdüngung - DLG-Merkblatt 353. 73

Németh, K. (1976): Die effektive und potentielle Nährstoffverfügbarkeit im Boden und ihre Bestimmung mit Elektro-Ultrafiltration (EUF). Habilitationsschrift Gießen

Németh, K. (1979): The availability of nutrients in the soil as determined by electro-ultrafiltration (EUF). Advances in Agronomy 155–188

Németh, K. (1982): Electro-ultrafiltration of aqueous soil suspension with simultaneously varying temperature and voltage. Plant and Soil 64, 7–23

Németh, K. (1985): Recent advances in EUF research (1980–1983). Plant and Soil 83, 1–19

Németh, K.; Bartels, H.; Heuer, C.; Ziegler, K. (1989): Lime requirement exactly determined by EUF. Zuckerindustrie 114, 336–338

Neubauer, H. (1946): Die Ausdehnung der Keimpflanzenmethode auf die Stickstoffbestimmung im Boden und in Komposterden. Zeitschrift für Pflanzenernährung, Düngung, Bodenkunde 37, 97–110

Piegholdt, C.; Geisseler, D.; Koch, H.-J.; Ludwig, B. (2013): Long-term tillage effects on the distribution of phosphorus fractions of loess soils in Germany. Journal of Plant Nutrition and Soil Science 176, 217–226

Rauterberg, E.; Atanasiu, N.; Bortels, H.; Nicholas, J. D. (1968): Methoden zur Bestimmung des Düngebedürfnisses der Böden, in: Boden und Düngemittel. Hrsg. *Abrahamczik, E.; Albareda Herrera, J. M.; Altemüller, H.-J.;* et al., Springer Vienna, 800–905

Römer, W. (2006): Vergleichende Untersuchungen zur Pflanzenverfügbarkeit von Phosphat aus verschiedenen P-Recycling-Produkten im Keimpflanzenversuch. Journal of Plant Nutrition and Soil Science 169, 826–832

Römer, W. (2009): Ansätze für eine effizientere Nutzung des Phosphors auf der Basis experimenteller Befunde. Berichte über Landwirtschaft 87, 5–30

Römer, W.; Claassen, N.; Steingrobe, B.; Märländer, B. (2004): Reaktion der Zuckerrübe auf Phosphordüngung. Die Zuckerrübe 53, 291–293

Royal Society (2009): Reaping the Benefits: Science and the Sustainable Intensification of Global Agriculture. The Royal Society, London.

Scheffer, F.; Schachtschabel, P. (2010): Lehrbuch der Bodenkunde. 16. Aufl., Spektrum, Akad. Verl., Heidelberg, Berlin

Schüller, H. (1969): Die CAL-Methode, eine neue Methode zur Bestimmung des pflanzenverfügbaren Phosphates in Böden. Zeitschrift für Pflanzenernährung und Bodenkunde 123, 48–63

Sprengel, C. (1828): Von den Substanzen der Ackerkrume und des Untergrundes, in: Journal für Technische und Ökonomische Chemie. Hrsg. *Erdmann, O. L.*, Verlag von Johann Ambrosius Barth, Leipzig, 42–99; 313–351; 397–421

Schwertmann, U.; Deller, B.; Niederbudde, E. A. (1976): Langzeitwirkung einer Kalkung auf den Nährstoffzustand und die Basensättigung einer Braunerde aus Granitschutt. Landwirtschaftliche Forschung 29, 275–288

Van der Spuij, M. J. (1925): Vergleichende Untersuchungen über die Feststellung der Düngebedürftigkeit der Böden an Phosphorsäure. Zeitschrift für Pflanzenernährung und Düngung, A, Wissenschaftlicher Teil 5, 281–325

Várnai, M.; Eifert, J.; Szöke, L. (1985): Effect of liming on EUF-nutrient fractions in the soil, on nutrient contents of grape leaves and on grape yield. Plant and soil 83, 55–63

Stiftung Weltbevölkerung (2013): Weltbevölkerungsuhr, http://www.weltbevoelkerung.de/uhr?gclid=COWal4zEhLkCFfHKtAod3yYA0g, am 11.09.2013

Zorn, W.; Heß, H.; Schröter, H. (2013): Entwicklung der P- und K-Gehaltsklassen in Ackerböden. Pflug und Spaten 61, 4–5

Sonstige Veröffentlichungen & Vorträge

Publikationen in Tagungsbänden

LEMME, H.; KOCH, H.-J. (2011): Einfluss von Calcium und pH-Wert auf die pflanzenverfügbaren Nährstoffe (EUF) – Konzept und erste Ergebnisse. Mitteilungen der Gesellschaft für Pflanzenbauwissenschaften 23, 237.

LEMME, H.; KOCH, H.-J. (2012): Einfluss von Calcium-Gehalt und pH-Wert auf pflanzenverfügbares Kalium und Magnesium im Boden. Mitteilungen der Gesellschaft für Pflanzenbauwissenschaften 24, 78-79.

LEMME, H.; KOCH, H.-J. (2012): Einfluss von Calcium-Gehalt und pH-Wert auf das pflanzenverfügbare Phosphor im Boden. Mitteilungen der Gesellschaft für Pflanzenbauwissenschaften 24, 188-189.

Vorträge

LEMME, H. (2010): Einfluss des Calciums auf die pflanzenverfügbaren Gehalte anderer Nährstoffe (N, P, K, Mg, B) im Boden – Nährstoffwechselwirkungen im Boden. Sitzung des Beirats der EUF-Arbeitsgemeinschaft, 10. Nov., Ochsenfurt.

LEMME, H. (2011): Einfluss von Calcium und pH-Wert auf die pflanzenverfügbaren Nährstoffe im Boden – Nährstoffwechselwirkungen im Boden. Versuchsbesprechung der EUF-Arbeitsgemeinschaft, 04. Mrz., Ochsenfurt.

LEMME, H. (2012): Einfluss von Calcium und pH-Wert auf die pflanzenverfügbaren Nährstoffe im Boden – I. Laborinkubations- und Gewächshausversuche. Versuchsbesprechung der EUF-Arbeitsgemeinschaft, 10. Jan., Ochsenfurt.

LEMME, H. (2012): Einfluss von Calcium & pH auf pflanzenverfügbares Phosphor im Boden – Inkubationsversuch 2011. Sitzung des Beirats der EUF-Arbeitsgemeinschaft, 09. Mai, Rain/Lech.

LEMME, H. (2012): Einfluss von Calcium & pH auf pflanzenverfügbares Kalium & Magnesium im Boden. Gemeinsame Tagung der Gesellschaft für Pflanzenbauwissenschaften und der Deutschen Bodenkundlichen Gesellschaft, 25. Sep., Berlin.

LEMME, H. (2013): Einfluss von Calcium & pH auf pflanzenverfügbares P im Boden – Projektteil 1, Labor- & Gewächshausversuche. Versuchsbesprechung der EUF-Arbeitsgemeinschaft, 17. Jan., Ochsenfurt.

FISCHER, S.; LEMME, H. (2013): Einfluss einer Kalkung auf EUF extrahierbare Nährstoffe im Boden und das Wachstum von Zuckerrüben in Gefäß und Feldversuchen. Sitzung des Beirats der EUF-Arbeitsgemeinschaft, 12. Jun., Tulln, Österreich.

LEMME, H. (2013): Einfluss einer Kalkung auf Phosphorfraktionen des Bodens – Untersucht mittels sequenzieller Extraktion nach Hedley – und deren Beziehung zu EUF-P und P-Aufnahme von Zuckerrüben in Gefäßversuchen. Sitzung des Beirats der EUF-Arbeitsgemeinschaft, 12. Jun., Tulln, Österreich.

FISCHER, S.; LEMME, H. (2013): Einfluss einer Kalkung auf Phosphor und Kalium im Boden – Ergebnisse aus Gefäß- und Feldversuchen. 11. Göttinger Zuckerrübentagung, 05. Sep., Göttingen.

Poster

LEMME, H.; KOCH, H.-J. (2011): Einfluss von Calcium und pH-Wert auf die pflanzenverfügbaren Nährstoffe (EUF) – Konzept und erste Ergebnisse. Gemeinsame Tagung der Gesellschaft für Pflanzenernährung und der Gesellschaft für Pflanzenbauwissenschaften, 27.–29. Sep., Kiel.

LEMME, H.; BÜRCKY, K.; KOCH, H.-J. (2012): Influence of Calcium and pH on Plant available Nutrients in Soils – Laboratory and Greenhouse Experiments. 73. IIRB-Kongress, 14.–17. Feb., Brüssel, Belgien.

LEMME, H.; KOCH, H.-J. (2012): Influence of Calcium and pH on Plant available Magnesium in two Luvisols. IAPN - First International Symposium on Magnesium, 08.–09. Mai, Göttingen.

LEMME, H.; KOCH, H.-J. (2012): Influence of Calcium Content and pH on Plant available Phosphorus in two Luvisols. International Workshop and Meeting of the German Society of Plant Nutrition, 05.–07. Sep., Bonn.

LEMME, H.; KOCH, H.-J. (2012): Einfluss von Ca-Gehalt und pH-Wert auf pflanzenverfügbares Phosphor im Boden. Gemeinsame Tagung der Gesellschaft für Pflanzenbauwissenschaften und der Deutschen Bodenkundlichen Gesellschaft, 24.–26. Sep., Berlin.

LEMME, H.; KOCH, H.-J. (2012): Influence of Calcium Content and pH on Plant available Phosphorus in two Luvisols. Workshop der Deutschen Bodenkundlichen Gesellschaft, 27. Sep., Rostock.

Danksagung

Herrn Prof. Dr. Bernward Märländer danke ich recht herzlich für die Überlassung des Themas, die Übernahme des Referates und die Möglichkeit durch Teilnahme an Tagungen und Exkursionen neue, auch fachübergreifende Kenntnisse zu erlangen. Bei Herrn Prof. Dr. Klaus Dittert bedanke ich mich für die bereitwillige Übernahme des Korreferates, ebenso bei Herrn Prof. Dr. Andreas Gransee für die Bereitschaft als weiteres Mitglied des Promotionskomitees die Prüfung abzunehmen.

Weiterhin möchte ich mich bei Herrn Dr. Heinz-Josef Koch für die wissenschaftliche Unterstützung sowohl bei der Durchführung und Auswertung der Versuche als auch bei der Erstellung der Manuskripte bedanken.

Darüber hinaus gilt mein Dank der EUF-Forschungsgruppe und dabei besonders Dr. Fred Fürstenfeld, Dr. Dietmar Horn, Dr. Klaus Bürcky, Dr. Konstantin Nowikow, Prof. Dr. Diedrich Steffens, Prof. Dr. Thomas Appel, Herbert Eigner und Sven Fischer für die fachliche Unterstützung bei den zahlreichen Zusammentreffen.

Ich danke den Mitarbeitern des Instituts für Zuckerrübenforschung, insbesondere der Abteilung Pflanzenbau für die Unterstützung bei der Erledigung der bei der Durchführung der Versuche angefallenen Arbeiten. Hervorzuheben sind dabei die hervorragende Koordination sowohl in der Planung als auch bei der Ausführung der Tätigkeiten durch Ines Wiese und der unermüdliche Einsatz von Sophie Vogler bei der umfangreichen Laborarbeit. Meinen Mitdoktoranden danke ich für das bereitwillige Korrekturlesen der Artikel. Meiner Bürokollegin Melanie Hauer möchte ich für die nette Zusammenarbeit danken, sowie der Möglichkeit, den von ihr mit großem Einsatz organisierten zweiten Monitor regelmäßig nutzen zu können. Besonderer Dank gilt meiner ehemaligen Bürokollegin Ana Gajić für die angenehme Arbeitsatmosphäre, den konstruktiven Rat in Design- und Abbildungsfragen und die nicht selten humorvollen Unterhaltungen.

Auch den Mitarbeitern des Justus-Liebig-Labors in Rain und vor allem Herrn Josef Kramer danke ich für die ausgezeichnete Zusammenarbeit bei der aufwendigen Analyse der vielen tausend Proben.

Für die Finanzierung des Projektes bedanke ich mich bei der EUF-Arbeitsgemeinschaft, dem Bodengesundheitsdienst, der Südzucker AG und der K+S KALI GmbH.

Ganz besonders möchte ich meiner Familie und meiner Freundin Ina danken, die mir in dieser nicht immer einfachen Zeit fortwährend unterstützend zur Seite standen.

Lebenslauf

Persönliche Daten

Name	Holger Lemme
Geburtsdatum	10. April 1986
Geburtsort	Osterburg (Altmark)
Familienstand	ledig
Staatsangehörigkeit	deutsch

Schulbildung

1992-1996	Grundschule in Goldbeck
1996-2005	Markgraf-Albrecht-Gymnasium Osterburg Abschluss: Allgemeine Hochschulreife

Studium

2006-2008	Georg-August-Universität Göttingen, Fakultät für Agrarwissenschaften Bachelor-Studium: Agribusiness Abschluss: Bachelor of Science
2008-2010	Georg-August-Universität Göttingen, Fakultät für Agrarwissenschaften Master-Studium: Nutzpflanzenwissenschaften Abschluss: Master of Science
2010-2013	Georg-August-Universität Göttingen, Fakultät für Agrarwissenschaften Promotionsstudium: Agrarwissenschaften

Berufliche Tätigkeit

10/2010-11/2013	Wissenschaftlicher Mitarbeiter am Institut für Zuckerrübenforschung in Göttingen
12/2013-	Abteilungsleiter Pflanzenproduktion der Flessauer Milchproduktion GmbH